彩图1　陶瓷马赛克地面示意图

彩图2　陶瓷地面砖示意图

彩图3　大理石地面图示

彩图4　磨光花岗岩地面图示

彩图5　碎拼大理石地面图示

彩图6　天然花岗岩地面及大理石花坛图示

彩图7　木地板拼花示意图

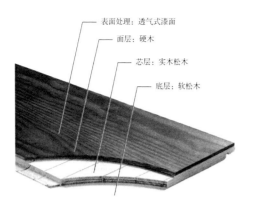

表面处理：透气式漆面
面层：硬木
芯层：实木松木
底层：软松木

彩图8　三层实木地板

彩图9　实木复合地板

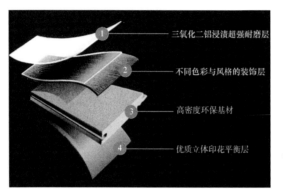

1　三氧化二铝浸渍超强耐磨层
2　不同色彩与风格的装饰层
3　高密度环保基材
4　优质立体印花平衡层

彩图10　强化复合地板示意图

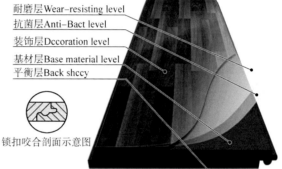

耐磨层Wear-resisting level
抗菌层Anti-Bact level
装饰层Dccoration level
基材层Base material level
平衡层Back shccy

锁扣咬合剖面示意图

彩图11　强化复合地板剖面结构示意图

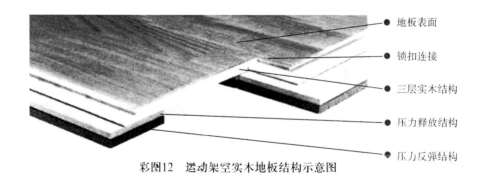

地板表面
锁扣连接
三层实木结构
压力释放结构
压力反弹结构

彩图12　遥动架空实木地板结构示意图

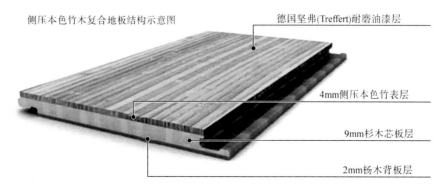

侧压本色竹木复合地板结构示意图

德国坚弗(Treffert)耐磨油漆层
4mm侧压本色竹表层
9mm杉木芯板层
2mm杨木背板层

彩图13　竹木复合地板构造

彩图14　橡胶地毡示意图

彩图15　不固定地毯示意图

彩图16　固定地毯示意图

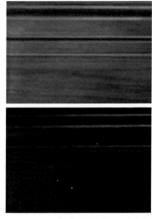

彩图17　实木踢脚线示意图

彩图18　综合考虑声学和光学的某剧场顶棚

彩图19　某建筑物的门厅造型

井格式结构顶棚

网架式结构顶棚

彩图20　结构式顶棚构造

彩图21　木基层吊顶

彩图22　吊筋布置示意图1

彩图22　吊筋布置示意图2

彩图23　暗色顶棚，别具特色

彩图24　格栅类顶棚的韵律感和通透感

彩图25　釉面瓷砖装饰示意图

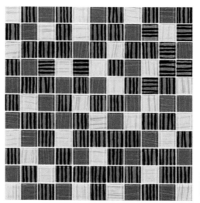

彩图26　玻璃锦砖

彩图27　天然大理石

彩图28　天然花岗石

彩图29　墙纸饰面示意图

彩图30　墙布饰面示意图

彩图31　竹木饰面示意图

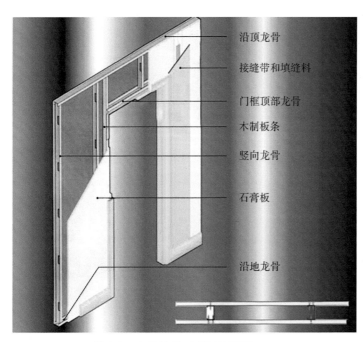

沿顶龙骨

接缝带和填缝料

门框顶部龙骨

木制板条

竖向龙骨

石膏板

沿地龙骨

彩图32　金属墙筋石膏板墙面图

彩图33　人造革软包饰面示意图

彩图34　组合幕墙装饰实景图

彩图35　实际装饰施工时的预埋件构造

彩图36　槽钢通过L型转接件与埋件的
连接构造

彩图37　槽钢通过L型转接件与埋件的
连接构造

彩图38　中空玻璃建筑顶部四点支撑图

彩图39　外雨篷张拉式构造骨架

彩图40　红色即为金属铝板幕墙构造实景

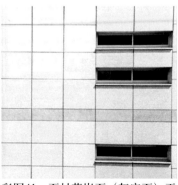

彩图41　石材花岗石（灰麻石）干
挂构造外墙的成型效果图例一

彩图42　石材花岗石
（灰麻石）干挂构造外
墙的成型效果图例二

彩图43　内墙和柱面的石材（金线米黄）干挂构造图例

彩图44　圆弧自动旋转门示意图

彩图45　感应电子自动门示意图

彩图46　全玻门装饰实景效果

彩图47　木隔断造型

彩图48　楼梯栏杆示意图1

彩图48　楼梯栏杆示意图2

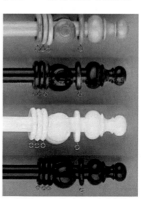

彩图49　窗帘杆示意图

彩图50　木制窗轨、窗帘杆示意图

彩图51　罗马杆窗帘示意图

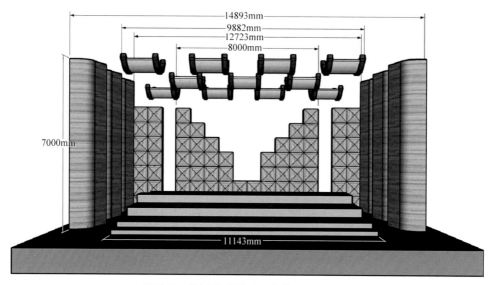

彩图52　常用的反射面、扩散面典型构造

彩图53　人民大会堂反射板构造效果图图例

高职高专土建类系列教材

建筑装饰工程技术专业

建筑装饰构造

第 2 版

主　编　高　卿　张春霞

副主编　范菊雨　黄庆丰　郭宇珍

参　编（以姓氏笔画为序）

　　　　赵龙珠　曹冬梅　吉龙华

　　　　霍长平　沈　菊　龚　静

主　审　高丕基

机械工业出版社

本书按照高职高专建筑装饰工程技术专业和相关专业的教学基本要求编写。全书共7章，内容包括绪论、楼地面装饰构造、顶棚装饰构造、墙面装饰构造、幕墙装饰构造、其他装饰及细部构造、建筑装饰构造设计实例及实训等。

本书具有较宽的专业适用面，在内容组织上以必需、够用为原则，取材注重实用性，力求体现职业教育教材的特点。

本书可作为高职高专院校、成人高校及二级职业技术院校、继续教育学院和民办高校的建筑装饰工程技术专业的教材，也可作为相关从业人员的培训教材。

图书在版编目（CIP）数据

建筑装饰构造/高卿，张春霞主编. —2版. —北京：机械工业出版社，2017.6（2022.8重印）

高职高专土建类系列教材. 建筑装饰工程技术专业

ISBN 978-7-111-56713-4

Ⅰ.①建… Ⅱ.①高…②张… Ⅲ.①建筑装饰 – 建筑构造 – 高等职业教育 – 教材 Ⅳ.①TU767

中国版本图书馆 CIP 数据核字（2017）第 092042 号

机械工业出版社（北京市百万庄大街22号 邮政编码100037）

策划编辑：张荣荣　　　　　责任编辑：张荣荣 李宣敏

责任校对：佟瑞鑫 张晓蓉　　封面设计：张 静

责任印制：邰 敏

北京盛通商印快线网络科技有限公司印刷

2022 年 8 月第 2 版第 4 次印刷

184mm×260mm·13 印张·4 插页·317 千字

标准书号：ISBN 978-7-111-56713-4

定价：39.00 元

电话服务　　　　　　　　　　网络服务

客服电话：010-88361066　　机 工 官 网：www.cmpbook.com

　　　　　010-88379833　　机 工 官 博：weibo.com/cmp1952

　　　　　010-68326294　　金 书 网：www.golden-book.com

封底无防伪标均为盗版　　机工教育服务网：www.cmpedu.com

前　言

本书是根据高等职业技术教育人才培养目标、建筑装饰行业新技术规范和技术标准而编写的。

本书介绍了建筑装饰行业与新技术、新材料、新工艺配套的建筑装饰构造的相关原理和方法，结合工程实例及直观效果图，对学生实际应用能力的培养具有较强的针对性和实用性。教材编写过程中注重以下特点：

（1）理论必需、够用。教材使用的理论知识，立足于必需、够用，并围绕工程案例讲授。

（2）突出实践能力。以提高学生的职业技能为宗旨，强化职业技术实践活动，突出职业教育的特色。

（3）强化学习指导。每章前有学习目标、学习重点、学习建议，章后有本章小结、思考题与实践环节，学习引导性强。

全书由湖北城市建设职业技术学院高卿、张春霞任主编；湖北城市建设职业技术学院黄庆丰、郭宇珍，武汉建工集团有限公司范菊雨任副主编。具体分工如下：第1章由南京交通职业技术学院霍长平编写，第2章由辽宁建筑职业技术学院赵龙珠、武汉商贸职业学院沈菊编写，第3章由浙江工业大学浙西分校曹冬梅编写，第4章由湖北城市建设职业技术学院高卿、黄庆丰编写，第5章由武汉建工集团有限公司范菊雨编写，第6章由山西工程职业技术学院吉龙华、湖北城市建设职业技术学院郭宇珍编写，第7章由湖北城市建设职业技术学院张春霞、武汉工业职业技术学院龚静编写。全书由高卿统稿，由北京建筑大学高丕基主审。

本书在编写过程中，参考了许多同类教材和专著，引用了一些实际工程中的案例，均在参考文献中列出，在此一并致谢。

限于编写时间仓促，编者水平有限，书中难免存在不妥之处，敬请读者批评指正，以期进一步修订完善。

编　者

目　　录

前言

第1章　绪论 ·················· 1

1.1　建筑装饰构造的设计原则 ········ 1

1.2　建筑装饰构造的类型 ········· 3

1.3　建筑装饰防火技术要求及室内
　　　环境污染控制的有关要求 ········ 6

　　思考题与习题 ··············· 9

第2章　楼地面装饰构造 ·········· 10

2.1　概述 ·················· 10

2.2　整体楼地面 ·············· 11

2.3　块材式楼地面 ············· 12

2.4　木楼地面构造 ············· 15

2.5　软质制品楼地面构造 ·········· 18

2.6　楼地面特殊部位的装饰构造 ····· 19

2.7　特种楼地面构造 ············ 22

　　思考题与习题 ·············· 25

第3章　顶棚装饰构造 ·········· 27

3.1　概述 ·················· 27

3.2　直接式顶棚的装饰构造 ········· 29

3.3　悬吊式顶棚的装饰构造 ········· 31

3.4　格栅类顶棚的装饰构造 ········· 41

3.5　软膜类顶棚的装饰构造 ········· 43

3.6　顶棚特殊部位构造 ··········· 47

　　思考题与习题 ·············· 55

第4章　墙面装饰构造 ·········· 57

4.1　概述 ·················· 57

4.2　抹灰类墙面装饰构造 ·········· 58

4.3　涂刷类墙面装饰构造 ·········· 62

4.4　贴面类墙面装饰构造 ·········· 67

4.5　裱糊类墙面 ·············· 75

4.6　镶板类墙面装饰构造 ·········· 77

　　思考题与习题 ·············· 83

第5章　幕墙装饰构造 ·········· 85

5.1　概述 ·················· 85

5.2　幕墙的组成材料及检验 ········· 86

5.3　玻璃幕墙构造 ············· 91

5.4　金属与石材幕墙构造 ········· 103

5.5　陶板幕墙构造 ············· 109

5.6　幕墙细部与节点构造 ········· 118

　　思考题与习题 ············· 125

第6章　其他装饰及细部构造 ····· 127

6.1　特种装饰门窗 ············· 127

6.2　隔墙与隔断构造 ··········· 134

6.3　护栏和扶手装饰 ··········· 150

6.4　内墙配件装饰 ············· 155

6.5　建筑装饰声学构造 ··········· 159

　　思考题与习题 ············· 168

**第7章　建筑装饰构造设计实例
　　　　及实训** ·············· 169

7.1　装饰构造设计实例表现
　　　概述 ················· 169

7.2　装饰构造设计实例表现 ······· 170

7.3　装饰构造课程设计任务
　　　实训 ················· 191

参考文献 ················· 202

第1章 绪 论

学习目标：

1. 理解建筑装饰构造的概念，掌握建筑装饰构造设计的原则。
2. 重点认识掌握建筑装饰构造的内容和构造设计的类型，了解不同部位构造设计的特点。

学习重点：

1. 掌握装饰装修构造设计的原则。
2. 了解建筑装饰构造的部位、构造设计的类型以及装饰构造设计的思路。

学习建议：

1. 理解和把握装饰构造的设计原则。
2. 在学习后面章节时，可以回过头来再学习本章，对装饰构造设计的理解会有更多的认识。

1.1 建筑装饰构造的设计原则

建筑装饰是指建筑物主体工程完成后，对其表面所进行的饰面装饰与装修。

建筑装饰构造是指使用建筑装饰材料和制品对建筑物表面及某些特定部位进行装饰与装修的构造施工做法。

建筑装饰工程的构造设计是方案设计的深化过程。在这里，我们不妨将建筑装饰设计分为两个部分。其一是方案概念设计，是反映方案的纯艺术的、感性的想法。其二是构造设计，即施工图设计，是在方案概念设计基础上用科学的方法解决工程施工的实际问题。如材料的选用，材料的色彩、质感的定位，采用什么构造方法达到工程效果等。

装饰构造的设计原则主要包括以下几个方面：首先是满足使用功能要求，满足人们精神生活的需要；其次是确保建筑及其构件坚固、耐久、安全可靠；第三是合理的装饰材料选择，合理的工程造价等。

1.1.1 满足使用功能要求

建筑装饰的主要功能：

（1）保护建筑构件。避免风吹、雨淋、日晒、腐蚀等外部环境气候的破坏。
（2）改善空间环境。改善热工、声响、光学等性能。
（3）空间利用。提高建筑有效面积，充分利用空间，方便使用。
（4）协调建筑各工种之间的关系。遮盖和美化室内外各种设施。

1.1.2 满足精神生活的需要

建筑装饰构造设计是艺术与技术的融合过程，装饰构造设计应按设计方案，从色彩、质感等美学角度合理地使用装饰材料，并选择相应的构造及施工工艺。通过装饰装修的处理，赋予环境特定的格调和意境，使人在紧张的工作和学习之余，得到放松和愉悦，获得美的享受。

1.1.3 确保坚固、耐久、安全可靠

（1）强调装饰构件自身的强度、刚度和稳定性。如玻璃幕墙的强度和刚度。

（2）装饰构件与主体的连接安全，如吊顶、灯具的连接。选用材料、确定构造要安全可靠，不得造成人员损伤和财产损失。

（3）主体结构的安全，如装饰构件给主体增加的荷载。严禁破坏主体结构，要充分考虑建筑结构体系与承载能力。

（4）装饰构件的耐久性。设计之初就应考虑装饰构件的耐久性。构造设计要满足建筑物整体耐久性需要，除了构造设计本身，还涉及社会、区域、环境等各方面的因素；只有综合了各方面的因素，选择有利于建筑物保护的设计方案，才能使建筑物保持长久的生命力。

1.1.4 材料选择需合理

选定装饰材料，并确定装饰材料的构造尺寸和规格，在绘制构造图时需要对装饰设计效果中初步选择的材料做进一步的斟酌考虑。

（1）材料应根据设计的要求进行合理的选择与分配。装修是要分等级和档次的，高级建筑物就必须选择相应的高档装饰材料，这样才能符合工程的要求。高档的材料和一般性装饰材料在质量和价格上有明显的区别。在一般性建筑的装修中，不同档次的材料也可通过处理达到相似的视觉效果。例如在装饰效果图中看到的清水木纹，可以采用不同树种的木材来实现；对一些价格低廉的材料进行精工仿造或对一些材料表面进行改性加工，在外观或实用上均能取得良好效果。

（2）根据建筑装饰的不同部位选择相应材料。材料的选择应该从建筑的防火、防水、防腐等安全角度出发，确定材料的性能等级。不同的装饰部位对装饰材料本身的性能要求是不同的。顶棚的装饰对防火的等级要求较高，需选用难燃的饰面板材，如纸面石膏板等。顶棚的木龙骨要进行防火、防腐的处理。户外环境使用木材要经过特殊防腐处理。大理石不耐酸碱、易风化，通常不在室外铺装使用。这些都是材料使用中的常识。

（3）确定装饰材料的类型和规格。有的材料供货尺寸就是它的构造尺寸，可直接拼贴；有的材料则需要裁割。确定材料的尺寸规格主要应考虑整体效果对分块的尺度要求，避免用边角料拼接，尽可能充分利用材料；考虑龙骨间距与面板规格尺寸的协调，减少面板下料损耗；考虑要为设备管线的隐蔽和后期检修留出足够大的尺寸。

（4）进一步考虑材料的供货、施工机具、技术力量等因素，如季节因素、地域因素、一次性投资和日常维护等。综合考虑，确定装饰材料的品种、类型和规格。

1.1.5 满足经济合理要求

装饰工程费用在建筑工程总造价中占有很大比例，并在整体上呈上升趋势。目前我国一般民用建筑装饰工程费用占工程总造价的 30% ~40%，标准高的要达到 60% 以上。不同建筑，由于使用性质、使用对象及经济条件不同，装饰装修造价差异也很大。同一建筑物如果采用不同等级的装修标准，其造价也相去甚远。

建筑装饰装修等级与建筑的等级密切相关，建筑等级越高，其装饰的等级也越高。在具体运用中，应注意以下几个方面：

（1）应结合不同地区的构造做法与用料习惯以及业主的经济条件灵活运用，不可生搬硬套。

（2）装饰装修并不意味着多花钱或使用较贵重的材料。要根据我国现阶段经济水平、生活质量要求及发展状况，合理选用建筑装饰装修材料。

（3）选择合理的材料构造工艺。应该根据工程的标准及使用者的经济能力，把握材料的价格和档次。通常，中低档材料使用较为普遍，高档材料多用于局部点缀。恰当的构造工艺与做法也是降低成本的有效途径。

在满足上述原则的基础上，要根据不同的标准等级，尽可能地考虑降低造价，同时还应适当考虑维修费用。

1.2 建筑装饰构造的类型

1.2.1 建筑装饰的部位

建筑装饰装修构造的内容包括构造设计原理、构造的组成和构造做法。构造设计的原理是指根据建筑的使用功能和装饰设计的要求，具有普遍性意义的构造设计的方法。构造组成及做法是构造设计原理的具体体现，即通过构造设计，具体说明采用什么方法将饰面材料或饰物连接固定在建筑物的主体结构上，用什么材料和方法制作各种建筑装饰造型。装饰构造主要包括对建筑物的顶棚、墙面、地面等面层进行处理的构造设计与施工。主要指对建筑的内外空间及其部位进行修整、改造等活动，包括为改变建筑物原有使用功能而进行的房屋改造和修缮等。

装饰工程涉及建筑物的室内外的各个部分，主要是对建筑物室内的地面、墙面、顶棚三大界面及其他细节部分进行构造设计并确定具体的做法；也包括室外的地面、墙面、台阶、窗台、檐口、雨篷等；还有一些特殊的装饰部位，如楼梯、隔断、门窗、踢脚等的构造设计。

1.2.2 建筑装饰构造的基本类型

装饰构造可分为饰面构造和配件构造两类。

1. 饰面构造

饰面构造是指装饰面层的覆盖，需要解决基层和饰面层的连接问题。饰面层附着于建筑构件的表面，在每个构件部位，饰面的朝向是不同的。如顶棚处在楼板的下部，墙面处在墙体的左右两侧，均有防止脱落的要求。地面及楼面的受力较前者有利，但构造上还要求坚固耐磨。同一种材料在不同的部位，受力不一样，构造处理也会不同。如大理石在地面是铺贴构造，而在墙面就要求干挂构造。

按照材料加工性能和部位的不同，饰面构造的分类可分为三类：罩面类、贴面类、钩挂类，见表1-1。

表1-1　饰面构造的分类

构造分类		图　形		说　明
		墙　面	地　面	
罩面类	涂刷			在材料表面将液态涂料喷涂固化成膜，常用涂料有油漆、大白浆等，类似的还有电镀、电化、搪瓷等
	抹灰			抹灰砂浆是由胶凝材料、细骨料和水（或其他溶剂）拌合而成的，常用的胶凝材料有水泥、白灰、石膏等。骨料有砂、石屑、细炉渣、木屑、陶瓷碎料等
贴面类	铺贴			各种面砖、缸砖、瓷砖等陶瓷制品，厚度小于12mm的超薄石板通常采用水泥砂浆铺贴，为了加强黏结力，在背面开槽，使其断面粗糙
	胶结			饰面材料呈薄片或卷曲状，厚度在5mm以下，如贴于墙面的各种壁纸、绸缎等
	钉嵌			饰面材料自重轻、厚度小、面积大，如木制品、石膏板、金属板等，可直接钉结，或者借助压条、嵌条固定，也可胶结
钩挂类	系结			用于厚度为20～30mm，面积较大的石材。在板材背面钻孔，用金属丝将板材系挂在结构层金属件上，板材与结构层之间用砂浆固定
	钩结			用于厚度为40～150mm的饰面材料，常在结构层包砌。块材上留口，用于结构固定的金属钩在槽内搭住，多见于花岗石、空心砖等

2. 配件构造

配件构造就是通过各种加工工艺，将一般材料加工成装饰成品构件，如铁艺、玻璃制品、窗帘盒等。这些配件做好后再拿到现场进行安装。这种构造方法就被称为配件构造类装饰构造。

配件构造的成型方式主要有铸造、塑造、加工制作与拼装。铸造法是将铁、铜等金属材料浇铸成装饰件；塑造法是将水泥、石灰、石膏等可塑性材料预制成各种成品构件；加工与拼装法是通过锯、刨、凿等方法将木材等材料加工成各种形状，再拼装成装饰配件。其他一些人造板，如石膏板、加气混凝土板，具有与木材相近的可加工性能，不锈钢等金属板有可切割、钉铆和焊接的加工拼装性能，这些都可以通过加工制作与拼装的方法做成相应的装饰构配件。

3. 材料的结合方式

材料的结合方式主要指材料的加工与拼装工艺，主要技术特点就是构件的结合构造。装饰工程中无论是饰面构造还是配件构造，其常用的基本材料结合方法有粘接、钉接、榫接、焊接等，见表1-2。

表1-2 装饰装修常用的结合方法

类别	名 称	图 形		附 注
粘接	高分子胶		常见的有环氧树脂、聚氨酯、聚乙酸乙烯等	水泥、白灰等胶凝材料价格便宜，做成砂浆应用最广。各种黏土、水泥制品多用砂浆结合。有防水要求的，可用沥青、水玻璃结合
粘接	动物胶		骨胶、皮胶	
粘接	植物胶		橡胶、叶胶、淀粉	
粘接	其他		水泥、白灰、石膏、沥青、水玻璃	
钉接	钉	圆钉 销钉 骑马钉 油毡钉 石棉板钉 木螺钉 半圆头 半沉头 方头		钉接主要用于木制品、金属板材及石膏、矿棉板、塑料制品等
钉接	螺栓	螺栓 调节螺栓 没头螺栓 铆钉		螺栓常用于建筑构件和装饰构造。可用来固定，调节距离、松紧，其规格品种繁多
钉接	膨胀螺栓	塑料或尼龙膨胀管 钢制膨胀管		膨胀螺栓可用来代替预埋件，构件上先打孔，然后放入螺栓，旋紧膨胀固定

（续）

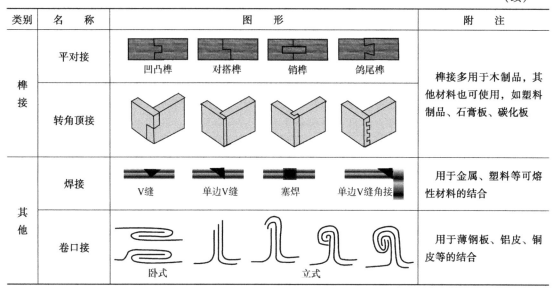

1.2.3 标准做法与标准图

对在长期实践中充分验证的、具有普遍意义的装饰构造做法进行提炼，从而形成装饰构造的标准做法。使用标准做法可以减少设计工作量、规范施工工艺、方便预算结算、利于管理。标准做法汇集成册，通过专家论证、政府有关部门审批，正式出版的国家或地方性标准化的建筑装饰图集就是标准图。

标准图上的构造做法一般是经验证的、成熟的，主要适合大量民用或公共建筑。对于重点大型建筑，为了更具个性，一些细部构造多单独设计。标准化是工业化的前提，实现建筑装饰标准化，就能使建筑装饰制品、构配件和组合件实现工业化大规模生产，提高装饰施工质量和效率，降低建筑装饰工程造价。因此使用标准图和标准做法，强调标准化有着十分重要现实的意义。

1.3 建筑装饰防火技术要求及室内环境污染控制的有关要求

1.3.1 建筑装饰防火技术规范要求

建筑装饰装修构造设计应严格执行《建筑设计防火规范》（GB50016—2014）中的相应条款和《建筑内部装修设计防火规范》（GB5022—1995）的相关规定及其他公共建筑装饰防火强制性规范要求。

许多装饰工程经常使用木材、织物等易燃性材料，无形当中增加了火灾荷载，使建筑物受到火灾隐患的严重威胁。为此我们一定要重视装饰装修工程中的防火安全问题。

装饰构造选材，应当按照房屋使用性质、装饰部位的防火等级要求来进行材料选择。装饰构造设计应能满足建筑整体的防火设计要求，努力消除和控制火灾隐患，为人们提供一个有安全保障的生活空间。

（1）建筑装饰装修构造设计要根据建筑的防火等级选择相应的材料。建筑装饰装修材料按其燃烧性能划分为 A、B_1、B_2、B_3 4 个等级，见表 1-3。常用装饰材料的燃烧性能等级见表 1-4。

表 1-3 建筑装饰装修材料燃烧性能等级划分

等　级	装饰装修材料燃烧性能	等　级	装饰装修材料燃烧性能
A	不燃	B_2	可燃
B_1	难燃	B_3	易燃

表 1-4 常用装饰材料的燃烧性能等级

材　料	级　别	材料燃烧性能等级划分举例
各部位材料	A	花岗石、大理石、水磨石、水泥及混凝土制品、石膏板、黏土制品、玻璃、瓷砖、锦砖、钢铁、合金等
顶棚材料	B_1	纸面石膏板、纤维石膏板、水泥刨花板、矿棉吸声板、玻璃棉吸声板、难燃胶合板、难燃中密度纤维板、岩棉装饰板、难燃装饰板、铝箔复合材料等
墙面材料	B_1	纸面石膏板、纤维石膏板、水泥刨花板、矿棉板、玻璃棉板、难燃胶合板、难燃中密度纤维板、难燃双面刨花板、多彩涂料、难燃墙纸、难燃墙布、难燃仿花岗石装饰板、PVC 塑料护墙板、阻燃模压木质复合板材、难燃玻璃钢等
墙面材料	B_2	各种天然木材、木制人造板材、装饰微薄木贴面板、胶合板、塑料壁纸、无纺墙布、墙布、人造革等
地面材料	B_1	硬质 PVC 塑料地板、氯丁橡胶地板、水泥刨花板等
地面材料	B_2	半硬质 PVC 塑料地板、普通 PVC 地板、木地板、纸张、地毯等
装饰织物	B_1	经阻燃处理的各类织物等
装饰织物	B_2	纯毛装饰布、纯麻装饰布及其他经阻燃处理的织物等
其他装饰材料	B_1	聚氯乙烯、聚碳酸酯塑料、硅树脂塑料装饰型材、经阻燃处理的各类织物等。其他见顶棚材料和墙面材料中的有关材料
其他装饰材料	B_2	经阻燃处理的聚乙烯、聚丙烯、聚氨酯、聚苯乙烯、玻璃钢、木制品等

（2）不同类别、规模、性质的建筑内部各部位的材料燃烧性能要求不同，见表 1-5 和表 1-6。

表 1-5 单层、多层民用建筑内部各部位装饰材料燃烧性能等级

建筑物及场所	建　筑　规　模	顶棚	墙面	地面	隔断	固定家具	窗帘	帷幕	其他材料
候机楼的大厅、贵宾室、售票厅、商店、餐厅等	建筑面积 > 10000m² 的候机楼	A	A	B_1	B_1	B_1	B_1		B_1
	建筑面积 ≤ 10000m² 的候机楼	A	B_1	B_1	B_1	B_2	B_2		B_2
地铁、火车站、轮船客运站的候车室、餐厅、商场等	建筑面积 > 10000m² 的车站、码头	A	A	B_1	B_1	B_2	B_2		B_1
	建筑面积 ≤ 10000m² 的车站、码头	B_1	B_1	B_1	B_2	B_2	B_2		B_2

（续）

建筑物及场所	建筑规模	顶棚	墙面	地面	隔断	固定家具	窗帘	帷幕	其他材料
影院、会堂、礼堂、剧院、音乐厅	>800 座位	A	A	B₁	B₁	B₁	B₁		B₁
	≤800 座位	A	B₁	B₁	B₁	B₂	B₁	B₁	B₂
体育馆	>3000 座位	A	A	B₁	B₁	B₁	B₁	B₁	B₂
	≤3000 座位	A	B₁	B₁	B₁	B₂	B₂	B₂	B₂
商场营业厅	每层建筑面积 >3000m² 或总面积 >9000m² 的营业厅	A	B₁	A	A	B₁	B₁		B₂
	每层建筑面积 1000～3000m² 或总面积 3000～9000m² 的营业厅	A	B₁	B₁	B₁	B₂	B₁		
	每层建筑面积 <1000m² 或总面积 <3000m² 的营业厅	B₁	B₁	B₁	B₂	B₂	B₂		
饭店、旅馆的客房及公共活动用房	设有中央空调的饭店、旅馆	A	B₁	B₁	B₁	B₂	B₂		B₂
	其他饭店、旅馆	B₁	B₁	B₂	B₂	B₂	B₂		
歌舞厅、娱乐餐饮建筑	营业面积 >100m²	A	B₁	B₁	B₁	B₂	B₂		B₂
	营业面积 ≤100m²	B₁	B₁	B₁	B₂	B₂	B₂		B₂
幼儿园、托儿所、医院病房、养老院		A	B₁	B₁	B₁	B₂	B₂		B₂
纪念馆、展览馆、博物馆、图书馆等	国家级、省级	A	B₁	B₁	B₂	B₂	B₂		B₂
	省级以下	B₁	B₁	B₂	B₂	B₂	B₂		B₂
办公大楼、综合楼等	设有中央空调办公楼	A	B₁	B₁	B₁	B₂	B₂		B₂
	其他办公大楼、综合楼	B₁	B₁	B₂	B₂	B₂			
住宅楼	高级住宅	B₁	B₁	B₁	B₁	B₂	B₂		B₂
	普通住宅	B₁	B₂	B₂	B₂	B₂			

表1-6 高层建筑内部各部位装饰材料燃烧性能等级

建筑物及场所	建筑规模、性质	顶棚	墙面	地面	隔断	固定家具	窗帘	帷幕	床罩	家具软包	其他材料
高级旅馆	>800 座位的观众厅、会议厅、顶层餐厅	A	B₁	B₁	B₁	B₁	B₁	B₁		B₁	B₁
	≤800 座位的观众厅、会议厅	A	B₁	B₁	B₂	B₁	B₁	B₁		B₂	B₁
	其他部位	A	B₁	B₁	B₂	B₂	B₁	B₂	B₂	B₂	B₁

（续）

建筑物及场所	建筑规模、性质	装饰材料燃烧性能等级									
		顶棚	墙面	地面	隔断	固定家具	窗帘	帷幕	床罩	家具软包	其他材料
商业楼、展览楼、综合楼、商住楼、医院病房楼	一类建筑	A	B_1	B_1	B_1	B_2	B_1	B_1		B_2	
	二类建筑	B_1	B_1	B_2	B_2	B_2	B_2	B_2		B_2	
电信楼、财贸金融楼、邮政楼、电力调度楼、防灾指挥调度楼、广播电视楼	一类建筑	A	A	B_1	B_1	B_2	B_1	B_1		B_2	
	二类建筑	B_1	B_1	B_2	B_2	B_2	B_1	B_2		B_2	
教学楼、办公楼、科研楼、档案楼、图书馆	一类建筑	A	B_1	B_1	B_2	B_2	B_1	B_1		B_1	
	二类建筑	B_1	B_1	B_2	B_2	B_2	B_2	B_2		B_2	
住宅、普通旅馆	一类建筑普通旅馆、高级住宅	A	B_1	B_1	B_1	B_2	B_2		B_1	B_1	
	二类建筑普通旅馆、普通住宅	B_1	B_1	B_2	B_2	B_2	B_2		B_2	B_2	

不同装修部位应选用符合相应防火安全等级的装饰材料。吊顶应采用燃烧性能等级为 A 级的材料，部分低标准的建筑室内吊顶材料的燃烧性能等级应不低于 B_1 级。暗木龙骨与人造板基材应刷防火涂料。遇高温分解出有毒烟雾的材料也应限制使用。

1.3.2 建筑装饰工程室内环境污染控制的有关规范要求

（1）选用无毒、无害、无污染（环境），有益于人体健康的材料和产品，采用取得国家环境认证标志的产品。执行室内装饰装修材料有害物质限量的十个国家强制性标准。

（2）严格控制室内环境污染的各个环节，设计、施工时严格执行《民用建筑工程室内环境污染控制规范》（GB50325—2010）。

（3）为减少施工造成的噪声及大量垃圾，装饰装修构造设计应提倡材料的成品化、模块集成化，配件生产要实现工厂化、预制化。

本 章 小 结

建筑装饰构造是建筑装饰专业的一门重要的专业工程技术课程。建筑装饰构造是工程技术和艺术之间的融合。装饰构造设计是方案设计的继续深入和完善，是设计由概念到成品的转化过程。本章从宏观的角度，重点论述装饰构造的功能、类型、设计原则及设计依据，认识装饰构造的部位，了解装饰构造的不同部位构造的层次和特点，以及装饰构造课程学习方法要点。

思考题与习题

1. 什么是装饰构造，装饰构造内容有哪些？
2. 怎样学好装饰构造？
3. 简述装饰构造的基本类型。
4. 装饰构造的设计原则有哪些？
5. 结合工程实际讲述建筑标准图集中楼地面构造的使用案例。
6. 与建筑装饰设计相关的常用建筑规范有哪些？

第2章　楼地面装饰构造

学习目标：

1. 掌握楼地面装饰构造，主要分整体式楼地面、块材式楼地面、木楼地面、软质制品楼地面、楼地面特殊部位的装饰构造几方面。

2. 在设计楼地面构造时，应根据不同的用途和装饰要求选择相应的材料、构造方法，达到实用、经济、美观的效果。

学习重点：

1. 掌握整体式楼地面、块材式楼地面、木楼地面、软质制品楼地面、楼地面特殊部位的装饰构造特点、适用范围、类型和构造层次。

2. 根据地面的使用要求和部位，选择相应的地面装饰材料和构造方法。

学习建议：

1. 对不同地面材料的适用范围、构造方法对比记忆。
2. 掌握几个重要构造节点的绘制。

2.1　概述

楼地面是建筑物底层地面和楼层地面的总称。楼地面饰面，主要是指在基本地面如普通的水泥地面、混凝土地面、灰土垫层地面等各种地面的表面上做的饰面层。楼、地面层是人们日常生活、工作、生产、学习时必须接触的部分，也是建筑中直接承受荷载，经常受到摩擦、清洗的部分，构造设计必须考虑功能要求的同时，还要做到美观、舒适。

2.1.1　楼地面饰面的功能及作用

楼地面饰面的功能主要有以下几个方面：

（1）具有足够的坚固性，保护结构层。建筑结构的使用寿命与使用条件、使用环境有很大关系。楼地面的饰面层在一定程度上缓解了外力对结构构件的直接作用，这样保护了结构构件，从而保证结构的安全及正常使用，提高结构构件的使用寿命。装修后的地面应当不易被磨损、破坏，表面平整、光洁、易清洁、不起灰。

（2）满足隔声、吸声等声学要求。为避免楼层上下空间的相互干扰，楼板层应具备一定的隔声、吸声能力。对隔声要求较高的房间，应对楼板层做必要的处理。

（3）满足保温、隔热等性能要求。对于地面做法的保温性能的要求，宜结合材料的导热性能、暖气负载与冷气负载的相对份额的大小、人的感受以及人在这一空间活动的特性等因素加以综合考虑。地面装修材料导热系数宜小，以免冬季散热过大。

（4）满足弹性要求。人在具有一定弹性的地面上行走，感觉比较舒适，对于一些装饰标准较高的建筑室内地面，应尽可能地采用具有一定弹性的材料作为地面的装饰面层。

（5）满足美观要求，创造良好的空间气氛。室内地面与墙面、顶棚等应进行统一设计。处理好楼地面的装饰效果，是多方面的因素共同促成的。因此，必须考虑到诸如空间的形态、整体的色彩协调、装饰图案、质感的效果、家具饰品的配套、人的活动状况及心理感受、经济等因素。

（6）防火、防水、耐腐蚀。楼地面应防火耐燃，防水抗潮，对于有酸碱腐蚀的地面，应有耐腐蚀的能力。

（7）特殊地面（防静电地面、发光地面等）。

2.1.2　楼地面的构造类型

（1）根据面层材料分有：水磨石楼地面、陶瓷锦砖楼地面、陶瓷地面砖楼地面、花岗石楼地面、大理石楼地面，涂饰楼地面、地砖楼地面、木楼地面、橡胶地毡楼地面、地毯楼地面等。

（2）根据构造方法和施工工艺的不同分有：整体式楼地面（现浇水磨石地面），块材式楼地面（预制水磨石地面、陶瓷锦砖地面、陶瓷地面砖地面、花岗石地面、大理石地面等），木楼地面，软质制品楼地面（橡胶地毡楼地面、地毯楼地面）等。

（3）根据用途的不同分有：防水楼地面、防腐蚀性楼地面、弹性楼地面、隔声楼地面、发光楼地面、保温楼地面等。

2.2　整体楼地面

整体式楼面的面层无接缝，它可以通过加工处理，获得丰富的装饰效果，一般造价较低。整体楼地面主要包括水泥砂浆楼地面、细石混凝土楼地面、水磨石楼地面等。下面以常用的现浇水磨石地面为例说明整体楼地面装饰构造。

现浇水磨石地面是在水泥砂浆垫层上按设计分格，用中等硬度石料（大理石、白云石等）的石屑与水泥拌和、抹平、硬化后露出石碴，并经过补浆、细磨、打蜡后制成的楼地面。现浇水磨石地面按材料配置和表面打磨精度，分为普通水磨石地面和美术水磨石地面。对美观要求稍高的建筑，可采用美术水磨石，即以白水泥或彩色水泥为胶结料，掺入大理石石屑而制成。通过不同色彩、图案来求得丰富的变化和令人满意的艺术效果。

现浇水磨石地面的优点是整体性好、厚度小、自重轻、造价低、坚固光滑、美观耐磨、耐酸碱、不易起灰、易清洁、导热性强、有良好的抗水性，缺点是湿作业量大、施工周期长、工序多、无弹性。常用于人流较大的交通空间和房间，如大厅、走廊、卫生间等处。

现浇水磨石地面做法：清理基层后，先在其上做 20mm 厚 1∶3 水泥砂浆兼起找平作用。干后在其上用素水泥浆嵌固 10～15mm 高的铜板条、铝格条或玻璃条分成方格或做成各种图案，用以划分面层及防止面层开裂。分格条厚度为 1～3mm，两端打空穿 22 号镀锌钢丝卧牢，每米 4 个眼，分格条划分出来的面积一般小于 1m×1m，铝合金条在使用前应刷光油或调和漆作为保护层，它与玻璃分格条通常用于普通水磨石，而铜分格条则主要用于美术水磨石。然后用厚 10mm 的 1∶2.5 的各种颜色的水泥石渣浆注入预设的分格内，略高于分格条

1~2mm，并均匀撒一层石渣用滚筒压实，其中水泥采用硅酸盐水泥、普通硅酸盐水泥或矿渣硅酸盐水泥；对于白色或浅色面层，应采用白水泥。石粒应采用坚硬可磨的大理石、花岗石、白云石等岩石加工的，硬度过高的石英岩、刚玉、长石等不宜采用。石粒应洁净、无杂物，粒径一般为6~15mm，最大粒径应比水磨石面层厚度小1~2mm。待浇水养护完毕后，经过三次打磨（每次要用比前一次细的砂轮片），在最后一次打磨前酸洗、修补，最后打蜡保护。现浇水磨石面层构造如图2-1所示。

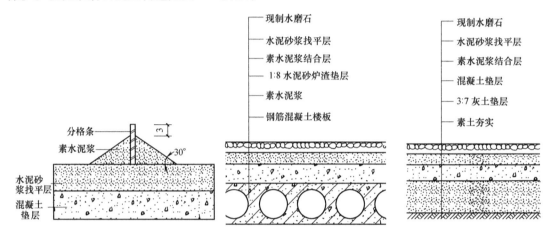

图2-1　现浇水磨石楼地面及其嵌条做法

2.3　块材式楼地面

块材式楼地面是指用定型生产的各种不同形状的块状材料（如预制水磨石、陶瓷地砖、大理石、花岗石等），在施工现场进行铺设或粘贴做成的装饰地面。它花色多、经久耐用、强度高、刚性大、易清洁，但造价偏高，保温消声性稍差。这类地面适用于人流大，对耐磨性和对保持清洁要求较高的场所或比较潮湿的地方。

2.3.1　预制水磨石地面

预制水磨石板是以水泥（含一般水泥、白色水泥和彩色水泥）和石屑（含白色和彩色）按一定比例拌合，经预制成型、养护、研磨、抛光等工序生产而成，其价格低于天然石材。预制水磨石板大部分用在装修标准比较高的室内地面。

此类块材做法是在基层上洒水润湿，刷一层素水泥浆，随即用20~30mm厚1:3干硬性水泥砂浆找平，之后铺贴石材，并用橡胶锤锤击，以保证粘结牢固。板缝应不大于1mm，撒干水泥粉，淋水扫缝。

块材式地面的构造做法除面层材料不同外，大致相同（图2-2）。

2.3.2　陶瓷锦砖地面

陶瓷锦砖又称"马赛克"，是高温烧成的小型块材，陶瓷锦砖出厂前已按各种图案贴在牛皮纸上，拼成一联，大小为300mm×300mm或600mm×600mm。每块面积约为19mm×

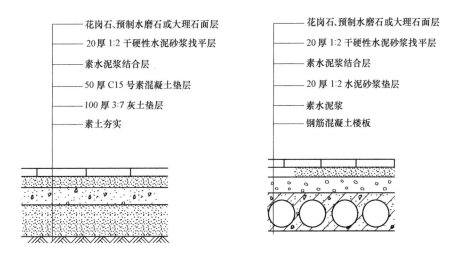

图 2-2 楼地面石材铺贴构造

19mm、25mm×25mm、30mm×30mm，形状一般为方形、菱形和六边形。其表面密致光滑、坚硬耐磨、耐酸耐碱、防水性好，一般不易变色。适用于卫生间、浴池、厨房、化验室等场所。陶瓷锦砖地面如彩图 1 所示。

2.3.3 陶瓷地面砖地面

陶瓷地面砖是主要的铺地材料之一，它是以陶土为原料，加上其他材料高温烧制而成。陶瓷地面如彩图 2 所示。它品种较多，可分为普通陶瓷地砖、全瓷地砖及玻化地砖三大类，而每类又有很多种，如亚光、彩釉、渗花、抛光、防滑等。它们表面致密光滑、质地坚硬、耐磨、耐热、耐酸碱、易清洁、吸水率小、色彩图案多、防水性能好、装饰效果好，适用于交通频繁的地面及浴室等处。多用于各类高档、中档建筑的楼地面工程。

质量好的地砖规格大小相同、厚度均匀，地砖表面平整光滑、无气泡、无污点、无麻面、色彩鲜明、均匀有光泽、边角无缺陷、90°直角、花纹图案清晰、抗压性能好。同时地砖按表面质量分为优等品、一级品和合格品三种。常用规格有 800mm×800mm、600mm×600mm、400mm×400mm、400mm×300mm、300mm×300mm、200mm×200mm 等。

它的构造做法为：基层找平前清理干净，如是混凝土楼板需凿毛。一般从门口或中线向两边开始，如有镶边，应先铺砌向镶边部分，余数尺寸以接缝宽度调整；不能以接缝宽度调整时，则在墙角处放置界砖。最后扫缝、打蜡处理。

2.3.4 大理石、花岗石地面

大理石、花岗石都是高级建筑装饰材料。它们质地坚硬，耐磨耐久性好，外观大方稳重，高贵豪华。但容重大，传热快，易产生冲击噪声，价格昂贵。广泛应用于宾馆的大堂、商场、娱乐场所、银行、候机厅等公共场所。一般为 20～30mm 厚；每块大小一般为300mm×300mm～500mm×500mm 或 600mm×600mm。大理石地面如彩图 3 所示，磨光花岗石地面如彩图 4 所示。

1. 天然大理石板地面

天然大理石板材是以大理石荒料经锯、磨、切等工序加工而成的板状产品，天然大理石

13

是石灰岩经过地壳内高温、高压作用形成的变质岩，主要由方解石和白云石组成。天然大理石的表面加工分为粗磨、细磨、半细磨、精磨和抛光等五道工序。

它的优点是质地细密、坚实、耐风化、色泽鲜明而光亮。但由于大理石一般都含有杂质，而且也容易风化和溶蚀而使表面很快失去光泽，所以除少数，如汉白玉、艾叶青等质纯、杂质少的比较稳定耐久的品种可用于室外装饰外，其他品种不宜用于室外，一般的用于室内装饰。

天然大理石可用于宾馆、展览馆、影剧院、商场、图书馆、机场、车站等公共工程，纪念性建筑物的室内地面，也广泛用于墙面、柱面、栏杆、窗台板、服务台、电梯间门脸的饰面等，是理想的室内高级装饰材料。此外，还可用于制作大理石壁画、工艺品等。大理石板可按设计加工，常用规格为 500mm×500mm×20mm。

部分天然大理石的结构特征见表 2-1。

表 2-1　部分天然大理石的结构特征

品种	代号	颜色	岩石名称	主要矿物质成分	结构特征
雪浪	022	白、灰白色	大理石	方解石	颗粒状晶体、镶嵌结构
秋景	023	灰白	大理石	方解石、白水云母	微晶结构
晶白	028	雪白、白	大理石	方解石	中、细粒结构
虎皮	042	灰黑	大理石	方解石	粒状变晶结构
杭灰	056	灰、白花纹	灰岩	方解石	隐晶质结构
红奶油	058	浅粉红	大理石	方解石	微粒隐晶结构
汉白玉	101	乳白	白云岩	方解石、白云岩	花岗结构
丹东绿	217	浅绿	蛇纹石、花硅片岩	蛇纹石、方解石、橄榄岩	纤维状网络、变晶结构
雪花白	311	乳白	白云岩	方解石、白云岩	中细粒变晶结构
花白玉	704	乳白	白云岩	白云岩	花岗结构

2. 碎拼大理石地面

碎拼大理石地面是现浇水磨石地面和天然大理石地面相结合的形式。是采用不规则的经挑选过的碎块大理石，铺贴在水泥砂浆结合层上，并在碎拼大理石面层的缝隙中铺抹水泥砂浆或石碴浆，最后磨平、磨光，成为整体的地面面层。

碎拼大理石面层在高级装饰工程中利用色泽鲜艳、品种繁多的大理石碎块，无规则地拼接起来点缀地面，别具一格，给人以乱中有序，呆板中有变化，清新雅致、自然优美的感受。碎拼大理石地面如彩图 5 所示。

3. 天然花岗石地面

天然花岗石建筑板材是以花岗石荒料经加工制成的粗磨或磨光板材产品。天然花岗石是火成岩，也是酸性结晶深成岩，属于硬石材，由长石、石英和云母组成。岩质坚硬密实，按其结晶颗粒大小可分为"微晶""粗晶"和"细晶"三种。花岗石花色品种有 100 多个，其中较好的有四川的荥经红、芦山红（中华红）、石棉红、天全红、米易绿，河南偃师的菊花青、雪花青、云里梅，山东的济南青，江西上高的豆绿色，广东的中心玉，山西灵邱的贵妃红、桔红、麻点白、绿黑花、黄黑花等。

天然花岗石饰面板，一般采用晶粒较粗、结构较均匀、排列比较规整的原材料，经研磨抛光而成，表面平整光滑、棱角整齐，不能有缺棱掉角、表面裂纹和污染变色等缺陷。天然花岗石地面如彩图 6 所示。

花岗石不易风化变质，外观色泽可保持百年以上，因此多用于墙基础和外墙饰面。由于花岗石硬度较高、耐磨，所以也常用于高级建筑装饰工程、大厅地面、墙裙、柱面等部位，均能获得较好的装饰效果。

2.4　木楼地面构造

木地面是指表面铺钉或胶合木板而成的地面。它具有良好的弹性、蓄热性和接触感，且易于加工、不起灰、易清洁、不返潮。但它容易随空气中温度、湿度的变化而引起裂缝和翘曲变形，易燃不耐火，受潮后还易腐朽。因此在无防水要求的房间采用较多，常用于儿童活动用房、健身房、比赛场、舞台、卧室等房间，也是目前广泛采用的地面。随着木质地面材料本身及构造、施工方法的不断改进创新，木质地面燃烧性能等级差、不耐磨、防水性能差、易虫蛀、易出现裂缝等不足，已得到改善或克服。

2.4.1　木楼地面的类型

（1）按材料分。木地板按面层材料特性一般分为实木地板、复合木地板、竹木地板三大类；按铺设形式又可分为条形铺设和拼花铺设。拼花示意如彩图 7 所示，拼花造型如图 2-3 所示。

阿伦贝格式木地板

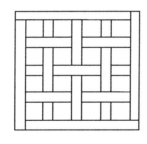
阿蒂伊式木地板

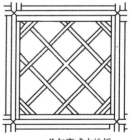
凡尔赛式木地板

斜席纹组合式木地板

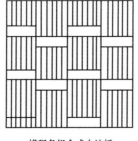
横竖条组合式木地板

嵌块式横竖条土地板

图 2-3　木地板拼花造型

实木地板是指以柏木、杉、柚木、紫檀等有特色木纹与色彩的木材制成的木地板。实木地板见彩图8。软木材料一般有松木、杉木，其质地较软、易加工，不易开裂和变形，保温性、柔软性与吸声性好，防滑效果好；但造价高、产地少、产量低。硬木地板一般指柏木、核桃木等，其质地硬、耐磨、纹理优美清晰，但不易加工、易开裂和变形、造价高，施工要求高。

复合地板又可称为层压木地板，是在原木粉碎后，填加胶、防腐剂、添加剂后，经热压机高温高压压制处理而成的木地板，是近年出现的一种新型地面装饰材料。复合地板防腐、耐磨性好、质轻高强、收缩性小、取材广泛、成本低，克服了原木表面的疤节、虫眼、色差问题。复合地板无需上漆打蜡，使用泛围广，易打理。另外复合地板的木材使用率高，是很好的环保材料。

复合地板主要有两大类：一类是实木复合地板（彩图9）；另一类是强化复合地板（彩图10、彩图11）。实木复合地板具有实木地板美观自然、脚感舒适、保温性能好的长处。此外，实木复合地板安装简便。

强化复合地板硬度较高，耐磨性好，铺装简易、方便，价格较低，但脚感稍差。

（2）按构造分。木地板按构造类型分为架空式和粘贴式两种。

2.4.2　架空式木楼地面

架空式木楼地面适用于地面标高与设计标高相差较大，或在同一室内有较大标高变化之处。主要是指支撑木地板的搁栅架空搁置，使地面下有足够的空间便于通风，以保持干燥，防止搁栅腐烂损坏。它具有富有弹性、脚感舒适、隔声防潮的优点，但由于此种构造占用空间较大和浪费，多用于需要留有敷设、维修空间的建筑，如舞台地面或特殊建筑的首层，如观演场所的舞台、竞技场等，其他场所很少采用。架空实木结构如彩图12所示，构造做法如图2-4所示。

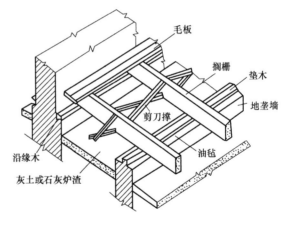

（1）地垄墙的砌筑。先砌设计高度、设计间距的地垄墙，一般采用红砖、水泥砂浆或混合砂浆砌筑。地垄墙间距因上面要铺设木搁栅通常不超过2m，一般取800mm，M5砂浆砌筑，120mm厚。当地垄墙高度超过600mm时，墙厚应为240mm；长度超过4m时两侧应增加砖垛，中距4m。地垄墙上要预留通风口，若架设管道设备，需要维修空间。

（2）垫木的装设。在地垄墙与搁栅之间，一般用垫木连接。设垫木的作用，

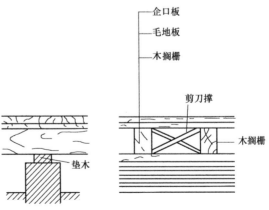

图2-4　架空式木地板

主要是将搁栅传来的荷载，通过垫木传到地垄墙（或砖垛）上。垫木与地垄墙（或砖墩）的连接，常用预埋在地垄墙中的 8 号铅丝绑扎，并作防腐处理。

（3）安装木搁栅（龙骨）。木搁栅的作用主要是固定与承托面层。木搁栅一般与地垄墙成垂直，摆放间距一般为 400mm 左右，木搁栅与墙间留 30mm 的缝隙，木搁栅找平后，用铁钉经搁栅两侧中部斜向（45°）与垫木钉牢，搁栅安装要牢固，并保持平直。木搁栅表面要作防腐处理。

（4）设剪刀撑或横撑。设置剪刀撑主要是增加木搁栅的侧向稳定，对木搁栅本身的翘曲变形也起到了一定约束作用。剪刀撑布置于木搁栅两侧面，用铁钉固定于木搁栅上。

（5）钉毛地板层。带有毛地板的木地板称为双层木地板，不带毛地板的称为单层木地板。毛地板一般用只刨平不刨光的松、棚木板条或一般刨花板、纤维板或胶合板，在木搁栅上部满钉一层。表面要平整，缝不必太严密，可以有 2~3mm 的缝隙。相邻板条的接缝要错开，且需要解决通风问题（在墙体适当位置设通风口）。注意：毛地板的铺设方向因面层材料的不同而不同。

（6）钉面层地板。钉面层地板要用专用地板钉固定，面板之间一般采用企口或错缝等形式铺装，如图 2-5 所示。

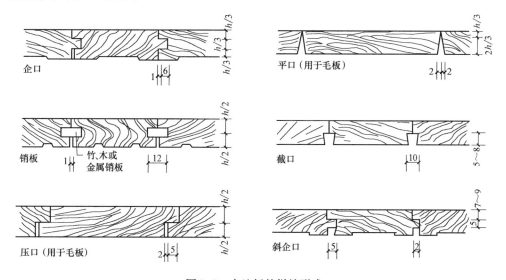

图 2-5　木地板的拼缝形式

2.4.3　竹木地板

竹木地板包括竹实木地板和竹木复合地板。竹实木地板即用上等竹木制作加工而成。其装饰构造同实木地板。

竹木复合地板是竹材与木材复合再生产物。它的面板和底板，采用的是上好的竹材，而其芯层多为杉木、樟木等木材。其生产制作要依靠精良的机器设备和先进的科学技术以及规范的生产工艺流程，经过一系列的防腐、防蚀、防潮、高压、高温以及胶合、旋磨等工序，制作成为一种新型的复合地板。

竹木地板具有外观自然清新、文理细腻流畅、防潮防湿防蚀以及韧性强、有弹性等特点；同时，其表面坚硬程度可以与木制地板中的常见材种如樱桃木、榉木等媲美。另一方面，由于该地板芯材采用了木材作原料，故其稳定性极佳，结实耐用，脚感好，格调协调，隔音性能好，而且冬暖夏凉，尤其适用于居家环境以及体育娱乐场所等室内装修。从健康角度而言，竹木复合地板尤其适合城市中的老龄化人群以及婴幼儿，而且对喜好运动的人群也有保护缓冲的作用。竹木复合地板构造如彩图13所示。

2.5 软质制品楼地面构造

人造软质制品楼地面是指以地面覆盖材料所形成的楼地面。分为块材和卷材两种，块材施工灵活，修补简单；卷材施工繁重，修理不便，适用于跑道、过道等连接的长场地。它的优点是自重轻、柔软、耐磨、耐腐蚀、美观大方。

2.5.1 橡胶地毡楼地面

橡胶地毡是以橡胶粉为基料，经解聚、混炼、塑化而成的（彩图14）。同样可以干铺，亦可用胶粘剂粘贴。橡胶地垫构造如图2-6所示。具有良好的弹性，保温、防滑、耐磨、消声、绝缘、价格低廉。适用于展览馆、疗养院等公共建筑，也适用于车间、实验室的绝缘地面及游泳池边、运动场等处的防滑地面。

图2-6 橡胶地垫构造示意图

橡胶地毡的表面形式可分平滑和带肋两种。与基层固定可用地垫构造连接或用胶结材料粘贴的方法粘贴在水泥砂浆基层上。

2.5.2 地毯楼地面

地毯楼地面是指面层由方块或卷材地毯铺设在基层上的楼地面。地毯作为中、高档的地面装饰材料，较多用于宾馆、会堂、办公楼等礼仪场所，它具有良好的弹性、消声、保温、防滑、柔软、舒适、图案优美等特点，使场所宁静，同时施工与更新方便。

地毯类型较多，从材质方面区分，主要有化纤地毯、混纤地毯、羊毛地毯和棉织地毯、剑麻地毯、橡胶绒地毯和塑料地毯等；从编织工艺上分类，可分为手工编织地毯、机织地毯、簇绒编织地毯及无纺地毯等。

地毯可满铺，也可局部铺设，当地毯满铺时，应采用经过防火处理的阻燃型地毯。

地毯有固定和不固定两种铺设方法（彩图15、彩图16）。不固定铺设是将地毯直接铺在楼地面上，多用于局部铺设；固定式是将地毯用胶粘剂粘贴，或用倒刺板条（带有向上小勾的木板条）固定，如图2-7所示。地毯下可铺设一层泡沫橡胶垫层，以增加其弹性和消声能力。

倒刺板固定法，首先在基层上加设8～10mm厚的有波纹的海绵垫或杂毛毡垫，目的是增加地毯楼地面的柔软性、弹性和防潮性，并使上面的地毯易于铺设。然后沿墙四周边缘顺长布置倒刺板，间距400mm，用高强钉钉牢，并离开踢脚8～10mm，然后将地毯紧挂在倒刺板上。倒刺板一般为4～6mm厚、24～25mm宽的三夹板条或五夹板条，另外还有铝合金或不锈钢倒刺收口条（图2-8），它可兼具倒刺收口双重作用，既可用于固定地毯，也可用在两种不同材质的地面相接的部位或是在室内地面有高差的部位收口。

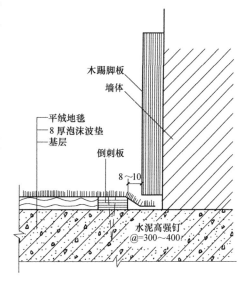

图2-7　倒刺板条固定地毯

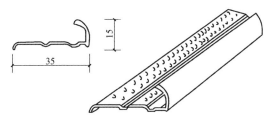

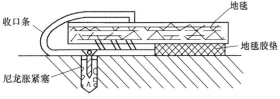

图2-8　"L"形铝合金倒刺收口条固定地毯

2.6　楼地面特殊部位的装饰构造

2.6.1　楼地面变形缝

楼地面的变形缝（沉降缝、伸缩缝、抗震缝）一般对应建筑物的变形缝设置，并贯通于楼地面各层。

对于整体面层和刚性垫层地面，应在变形缝处断开。垫层的缝中填充沥青麻丝，面层的缝中填充沥青玛琋脂或加盖金属板、塑料板等，并用金属调节片封缝。盖缝板不得妨碍构件之间的自由伸缩和沉降。对于沥青类材料的整体面层地面、块料面层地面可以只在混凝土垫层中或楼板中设置变形缝。铺在柔性垫层上块料面层地面，不需设置变形缝。图2-9为楼地面

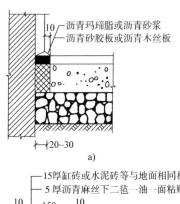

a)

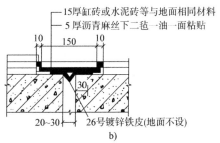

b)

图2-9　楼地面变形缝的构造

a) 底层地面变形缝构造　b) 楼层地面变形缝构造

变形缝的构造。

2.6.2　不同材质地面的交接处理

　　功能不同的房间或同一房间内楼地面的不同部位有时采用不同的材质，不同材质之间的交接处，如石材与木地板、木地板与地毯、不同质地的地毯等，均应采用坚硬材料作为边缘构件，进行过渡构造处理，以免出现起翘或参差不齐的现象。不同材质的分界线在同一功能的房间内时，应根据使用要求或室内装饰设计确定，使用功能不同的房间之间，其分界线宜与门洞口内门框的裁口线一致。

　　常用不同材质楼地面间的交接构造如图2-10、图2-11所示。

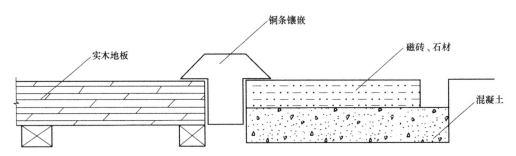

图2-10　实木地板与磁砖或石材地面的交接构造

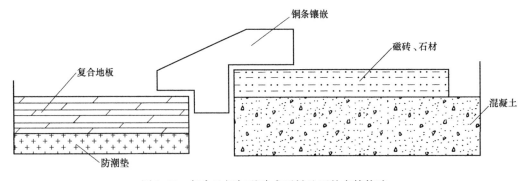

图2-11　复合地板与磁砖或石材地面的交接构造

2.6.3　踢脚板

　　踢脚板是楼地面与墙面相交处的构造处理。设置踢脚板的作用是遮盖楼地面与墙面的接缝，保护墙面根部免受冲撞及避免清洗地面时被玷污；同时使室内更美观。

　　踢脚板的材料选择是多种多样的。一般与地面的材料相同，如石材地面用石材踢脚；也可以有不同材料之间的搭配，如花岗石地面配不锈钢踢脚。高度一般为100～200mm。

　　踢脚板按材料和施工方式分为：粉刷类、铺贴类、木质踢脚与塑料踢脚等。

　　（1）粉刷类踢脚。粉刷类踢脚做法基本与地面相同，当采用与墙面相平的构造方式时，为了与上部墙面区分，常作10mm宽凹缝，做法如图2-12所示。

　　（2）铺贴类踢脚。铺贴类踢脚因材料不同而有不同的处理方法。常见的有：预制水磨石踢脚、陶板踢脚、石板踢脚等（图2-13）。交接处为避免生硬，可做成斜角、留缝（与木装修墙面间）等。

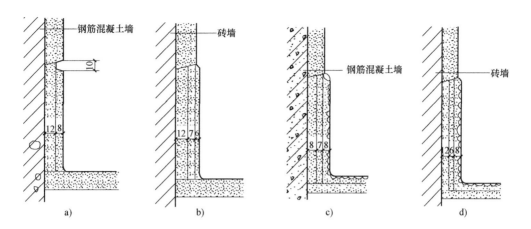

图 2-12　粉刷类踢脚做法

a)、b)　水泥砂浆踢脚板　　c)、d)　现浇水磨石踢脚板

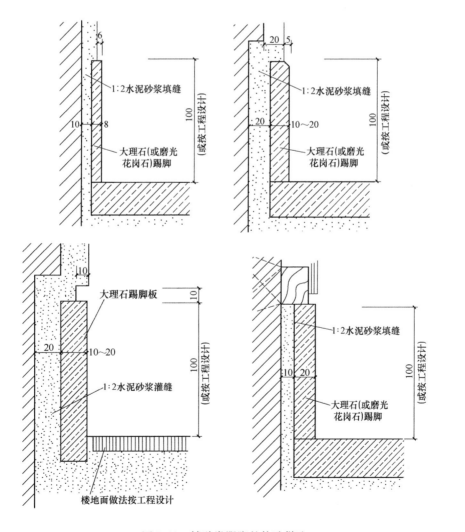

图 2-13　铺贴类踢脚的构造做法

（3）木质踢脚与塑料踢脚。木质踢脚与塑料踢脚做法较复杂，以前多用墙内预埋木砖来固定，现在多用木楔，塑料踢脚板还可用胶粘贴。木质踢脚线如彩图17所示。踢脚板与地面的接合处，应考虑地板的伸缩以及视觉效果，有多种处理方法（图2-14）。

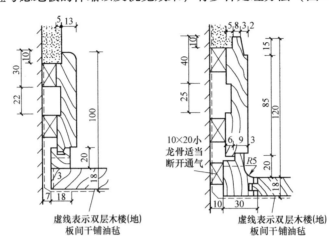

图2-14　木质踢脚的构造做法

2.7　特种楼地面构造

2.7.1　防水楼地面

常见的处理方法有以防水水泥砂浆做防水层的处理，即在水泥砂浆中混合防水剂或具有防水性能的水泥砂浆；或在地面基层上粘贴铺设油毡或 PVC 等卷材防水层。

施工时应注意：保证底层干燥，充分清扫之后涂上沥青底油；在其上加设轻质混凝土保护层；防水层沿房间四周卷埋入墙面，上卷高度不少于 100～150mm，但是浴室应上卷至墙裙或顶棚为止（图2-15）。

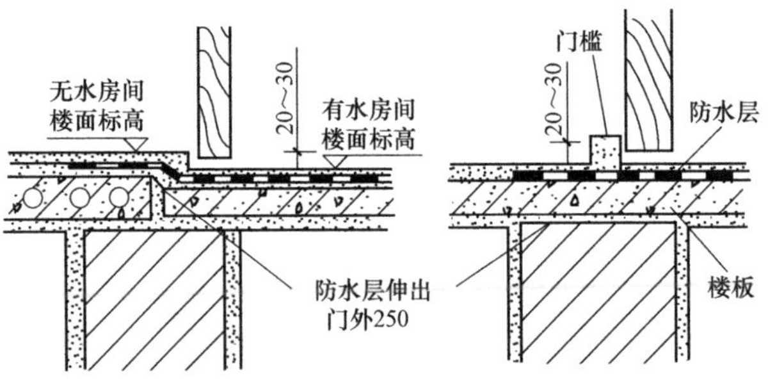

图2-15　防水楼地面的局部防水做法

2.7.2　活动夹层楼地面

活动夹层楼地面，亦称装配式地板，它是由各种装饰板材经高分子合成胶粘剂胶合而成的活动木地板。结构上面层是采用特制的平压刨花板为基材，表面饰以装饰板，底层用镀锌板经粘结胶合组成的活动地板块，常见的有铝合金框基板表面贴塑料贴面，再配以横梁、橡胶垫和可调节高度的金属支撑组装成架空板铺设在基层上（图2-16）。

活动地板具有安装、调试简便，质量轻，强度大，表面平整，尺寸稳定，面层质感良好，装饰效果佳等特点；板下所形成架空空间，不仅可铺设各种管线，并可随意开启检查、

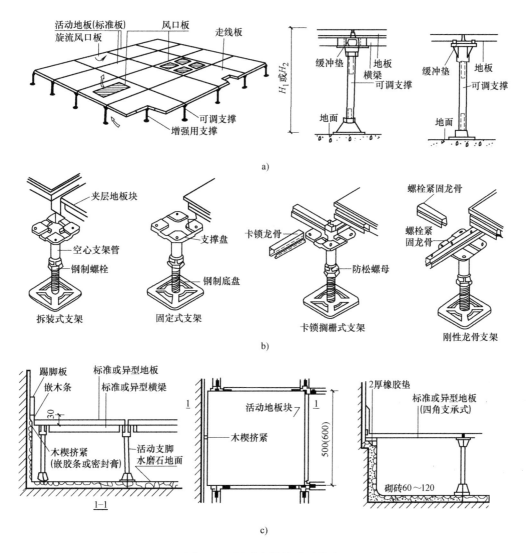

图 2-16 活动夹层楼地面构造
a）活动夹层楼地面组成 b）各类支架 c）活动夹层楼地面铺装构造

清理、维修、迁移；此外，还有防火、防虫鼠侵害、耐腐蚀等性能。通过设计，在架空地板的适当位置设置通风口，以满足静压送风等空调方面的要求。

活动地板适用于计算机机房、通信中心、试验室、电化教室、程控交换机房、调度室、广播室、洁净厂房、展览馆、剧场、舞台等场所及其他有防静电要求的场所。

由于活动地板有较高的架空层，故要注意以下几点：

（1）活动地板应尽量与走廊内地面保持一致高度，以利于大型设备及人员进出。

（2）地板上有重物时，地板下部应加设支撑。

（3）金属活动地板应有接地线，以防静电积聚和触电。

2.7.3 隔声楼地面

隔声楼地面主要应用于声学要求较高的建筑，如播音室、录音室等。常见的处理方式有铺弹性面层材料、采用复合垫层构造、采用浮筑式隔声构造（图2-17）。

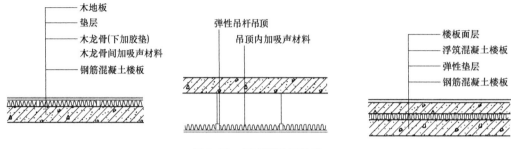

图 2-17 隔声楼地面构造

2.7.4 发光楼地面

发光楼地面是指地面采用透明材料，光线由架空的内部向室内空间透射的楼地面。发光地面主要用于舞厅的舞台或舞池，歌剧院的舞台，大型高档建筑的局部重点处理地面。

发光楼地面的构造做法如图2-18所示。

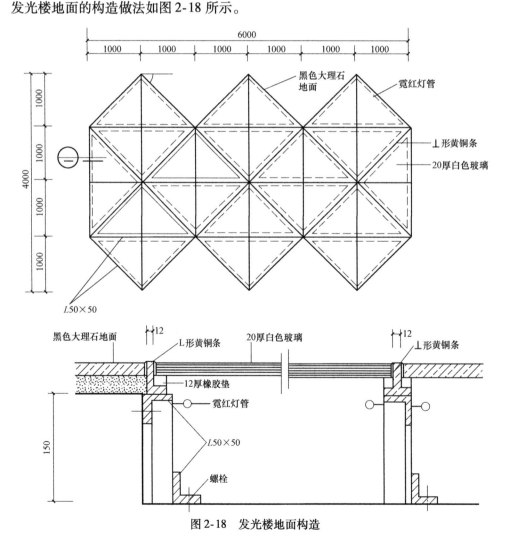

图 2-18 发光楼地面构造

（1）架空支承结构。钢结构支架的耐火性能好，应尽量选择。要预留通风散热孔洞（一般沿外墙每隔 3~5m 开 180mm×180mm 孔洞，墙洞口加封铁丝网罩或与通风管相连），使架空层通风良好。由于架空层要敷设泛光灯具及管线等设备，应考虑维修的问题，要预留进人孔，或设置活动面板。

（2）搁栅承托面层。搁栅的作用是固定和承托面层，可采用木搁栅、型钢搁栅、T 型铝材等搁栅，其断面尺寸的选择应根据支承结构的间距来确定。铺设找平后，与支承结构固定。特别要注意木搁栅在施工前应预先进行防火处理。

（3）灯具。灯具应选择冷光源灯具，以免散发大量光热。灯具基座应固定在基层上或支架上，灯具应避免与木构件直接接触，并采取相应的隔绝措施，避免火灾。光珠灯带可直接敷设或嵌入地面。

（4）透光面板。常用的透光材料有双层中空钢化玻璃、双层中空彩绘钢化玻璃、玻璃钢等材料。透光面板与搁栅的连接有搁置与粘贴两种方法。搁置法节省室内使用空间，便于更换维修灯具线路；粘贴法需要设置专门的进人孔。

应该注意的是透光材料之间的接缝处理（密封条嵌实，密封胶封缝——为了防止在使用过程中透光材料移动，防止地面灰尘、水渗入地面内部）及其与其他楼地面交接处的处理（用不锈钢板压边收口）。

本 章 小 结

楼地面装饰的基本功能是保护结构层，满足隔声、吸声、保温、隔热以及美观等要求，创造良好的空间气氛。楼地面装饰构造类型，主要分整体式楼地面、块材式楼地面、木楼地面、软质制品楼地面、楼地面特殊部位的装饰构造几方面。

块材式楼地面可分为预制水磨石地面、陶瓷锦砖地面、陶瓷地面砖地面、花岗石、大理石地面等，在地面装饰中应用较多。

木楼地面是目前广泛采用的一种地面，一般分为普通木地板、硬木地板、复合木地板三大类；按构造类型分为架空式和粘贴式两种。

软质制品楼地面分为橡胶地毡楼地面、地毯楼地面等。地毯作为中、高档的地面装饰材料，是装饰房间的最佳材料之一，但价格较高。

还有一些特殊的楼地面，如防水楼地面、活动夹层楼地面、隔声楼地面、发光楼地面等。

思考题与习题

1. 简述楼地面饰面的功能，并绘制构造层示意图。
2. 简述现浇水磨石地面的构造做法。
3. 画出水磨石地面、陶瓷锦砖、陶瓷地砖、大理石、花岗石四种材料楼地面构造示意图。
4. 简述木地面的分类方式。
5. 画出架空式木地面的构造示意图。
6. 简述人造软质制品地面的分类。
7. 简述地毯铺设的种类和方式。

8. 简述踢脚板的作用。

9. 画出木质踢脚板的构造示意图。

10. 简述常用不同材质楼地面间的交接构造。

11. 简述发光楼地面的构造做法步骤。

实 训 环 节

自选某两室一厅一卫住宅套型，总建筑面积控制在 80～100m² 之间，层高 3m。试进行该套住宅的楼地面设计及细部构造设计。

要求：用2号制图样，墨线绘制各图，比例自定。要求达到装饰施工图深度，符合国家制图标准。

1. 平面图，要求表示出楼地面的选择材质、板材规格、图案等。

2. 剖面图，各处楼地面类型的分层构造剖面图，标注具体做法及尺寸。

3. 节点详图，踢脚、不同材质地面的交接处理。

第3章　顶棚装饰构造

学习目标：

1. 了解顶棚装修的作用，掌握悬吊式顶棚和格栅类顶棚的装修构造要求，熟练掌握直接式顶棚的装修构造，了解顶棚特殊部位的构造处理。

2. 在设计顶棚构造时，应根据不同的使用和装饰要求选择相应的材料、构造方法和施工工艺，达到实用、经济、装饰的目的。

学习重点：

1. 掌握直接式、悬吊式、格栅式顶棚及特殊部位的装饰构造特点、构造组成和构造作法。

2. 掌握各类顶棚的构造要点，能根据顶棚的特点，选择相应的材料、工艺和构造方法。

学习建议：

1. 对不同类型的顶棚构造方法对比记忆。

2. 掌握构造节点的绘制。

3.1　概述

顶棚是室内空间的顶界面，位于楼盖和屋盖下的装饰构造，又称天棚、顶棚板。顶棚是室内装饰的重要部位，直接影响整个建筑空间的装饰效果。随着建筑功能要求的不断提高，室内管线复杂，为了美观且方便安装检修，一般将管线布置在顶棚内部，顶棚材料的选择与构造设计要考虑到建筑功能、建筑声学、建筑照明、建筑热工、设备安装、管线敷设、维护检修、防火安全等综合因素。

3.1.1　顶棚装饰构造的作用

顶棚是室内设计中表现不同环境和气氛的重要方面，处理得当就会有明达、舒畅、新颖、吸引等感觉，是一种美的享受，处理不当会造成压抑、繁杂、阴涩或刺激的感觉。

顶棚除造型外，在功能和技术上常常要处理好声学、人工照明、空气调节以及防火消防等技术问题。

1. 改善室内环境，满足使用功能

顶棚的处理最基本的要求是满足室内空间的正常使用，通过对顶棚构造的处理，满足室内空间在照明、通风、保温、隔热、吸声、防火等方面的需求。如：剧场的顶棚，要综合考虑声学和光学设计，在不同的部位采用不同的设计原理，从而满足正常使用要求，见彩图18综合考虑声学和光学的某剧场顶棚。

2. 装饰室内空间

顶棚是室内装饰的重要组成部分，是除墙面和地面之外，用于围和成室内空间的一个大面，它从空间、光影、材质等方面，渲染环境，烘托气氛。

不同功能的空间对顶棚装饰的要求不相同。不同的处理方法，可取得不同的空间感觉。有的可以延伸和扩大空间感，对视觉起导向作用；有的可使人感到亲切、温暖、舒适，满足生理和心理需要。

建筑物的大厅、门厅是重点装饰部位，在顶棚的造型、材质、灯具上都要与室内的装饰风格和效果协调，如彩图19某建筑物的门厅造型所示。

3. 隐蔽设备管线构件

现代建筑的设备管线越来越多，如照明、空调、消防管线等，可以充分利用吊顶空间对各种管线和结构构件进行隐蔽处理，既能使室内空间整洁统一，利于塑造顶棚的造型，也能保证各种设备管线的正常使用和维修。

3.1.2 顶棚装饰构造的分类

顶棚根据不同的功能要求有不同的类型，主要是按以下几方面进行分类的：

（1）按顶棚外观分：平滑式顶棚、井格式顶棚、悬浮式顶棚、分层式顶棚等，如图3-1所示。

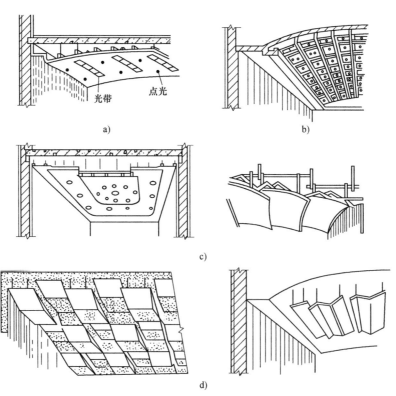

图 3-1 顶棚的形式

a）平滑式顶棚 b）井格式顶棚 c）分层式顶棚 d）悬浮式顶棚

平滑式顶棚的特点：顶棚呈平直或弯曲状。常用于面积较小、层高较低、有较高清洁要求和光线反射的房间。

井格式顶棚的特点：根据楼板结构的主次梁将顶棚划分成格子。构造简单、外观简洁，可做成藻井式顶棚，常用于装饰宴会厅、休息厅等。

悬浮式顶棚的特点：把各种不同材质、不同形状的材料悬挂在结构层下或平滑式顶棚下，形成格栅式、井格状、自由状或有韵律感、节奏感的顶棚。可以通过反射和透射灯光产生特殊的效果。

分层式顶棚的特点：将顶棚做成高低不同、层次不同、角度不同的形状，可达到空间划分的效果。

（2）按其面层的施工方法分：抹灰类顶棚、喷刷类顶棚、裱糊类顶棚、贴面类顶棚、装配式板材顶棚等。

（3）按顶棚面层与结构层的关系分：直接式顶棚、悬吊式顶棚。

（4）按顶棚的基本构造分：无筋类顶棚、有筋类顶棚。

（5）按结构构造层的显露状况分：开敞式顶棚、隐蔽式顶棚等。

（6）按面层与龙骨的关系分：活动装配式顶棚、固定式顶棚等。

（7）按顶棚面层材料分：木质顶棚、石膏板顶棚、各种金属板顶棚、玻璃镜面顶棚、软膜结构顶棚等。

（8）按顶棚受力不同分：上人顶棚、不上人顶棚。

另外还有结构顶棚、软体顶棚、发光顶棚等。

3.2　直接式顶棚的装饰构造

直接式顶棚是直接在楼板结构层底面进行喷浆、抹灰、粘贴壁纸、粘贴面砖、粘贴或钉接石膏板条与其他板材等饰面材料。结构顶棚也归于此类。这类顶棚构造的关键问题是保证顶棚与基层的黏结牢固。

3.2.1　直接式顶棚饰面特点

直接式顶棚构造简单，构造层厚度小，可充分利用空间；用材少，施工方便；造价较低。但不能隐藏管线等设备。常用于装饰性要求不高的普通建筑及室内空间高度受到限制的场所。

3.2.2　直接式顶棚的基本构造

1. 直接抹灰顶棚构造

直接抹灰顶棚是在屋盖或楼盖的底面上直接进行抹灰的顶棚。根据抹灰材料的不同主要有纸筋灰抹灰、石灰砂浆抹灰、水泥砂浆抹灰等。普通抹灰作法多用于一般建筑或简易建筑，甩毛等特殊作法用于声学要求较高的建筑。

直接抹灰顶棚的构造作法由底层、中间层、面层构成。

（1）基层处理。为了保证饰面的平整和增加抹灰层与基层的粘结力，要对基层进行处理，具体作法如下：

1）刷一道纯水泥浆。

2）钉一层钢板网；这种做法强度高，结合牢，不易开裂脱落。

（2）底层。混合砂浆打底找平。

（3）中间层、面层的做法和构造与墙面装饰做法相同，如图3-2所示。

2. 喷刷类顶棚构造

喷刷类顶棚是在屋盖或楼盖的底面上直接用浆料喷刷而成的。常用的材料有石灰浆、大白浆、色粉浆、彩色水银浆、可赛银等。

对于楼板底较平整又没有特殊要求的房间，可在楼板底直接喷刷浆料，其具体做法可参照涂刷类墙体饰面的构造，如图3-3所示。喷刷类顶棚主要用于一般办公室、宿舍等建筑。

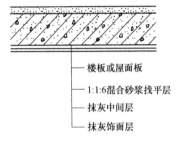

图3-2 直接抹灰顶棚构造

- 楼板或屋面板
- 1:1:6混合砂浆找平层
- 抹灰中间层
- 抹灰饰面层

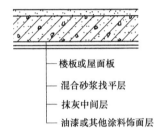

图3-3 喷刷类顶棚构造

- 楼板或屋面板
- 混合砂浆找平层
- 抹灰中间层
- 油漆或其他涂料饰面层

3. 裱糊类顶棚构造

一些要求较高、面积较小的房间顶棚面，也可采用直接贴壁纸、壁布及其他织物的饰面方法。这类顶棚主要用于要求较高的建筑，如宾馆的客房、住宅的卧室等空间。裱糊类顶棚的具体做法与墙饰面的构造相同，如图3-4所示。

4. 直接固定装饰板材

直接固定装饰板分为直接粘贴装饰板和直接铺设龙骨两种构造方法。

直接粘贴装饰板顶棚是直接将装饰板粘贴在找平处理的顶板上。常用的装饰板有釉面砖、瓷砖等，主要用于防潮、防水、防腐、防霉或清洁要求较高的建筑中。具体做法与墙体的贴面类构造相同。

直接铺设龙骨固顶装饰板顶棚的构造作法与镶板类装饰墙面的构造相似，在楼板底部直接铺设固定龙骨（射钉固定、胀管螺栓固定、埋设木楔固定，间距按面板规格确定），然后固定装饰板。常用的装饰板材有胶合板、石膏板等，主要用于装饰要求较高的建筑，如图3-5所示。

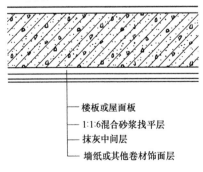

图3-4 裱糊类顶棚构造

- 楼板或屋面板
- 1:1:6混合砂浆找平层
- 抹灰中间层
- 墙纸或其他卷材饰面层

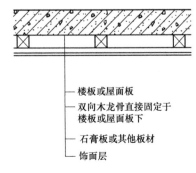

图3-5 直接铺设龙骨类顶棚构造

- 楼板或屋面板
- 双向木龙骨直接固定于楼板或屋面板下
- 石膏板或其他板材
- 饰面层

5. 结构式顶棚装饰构造

将屋盖或楼盖结构暴露在外，利用结构本身的韵律做装饰，不再另做顶棚，称为结构式顶棚。常用的形式有网架结构、拱结构、悬索结构、井格式梁板结构等。

结构式顶棚充分利用楼层或屋顶的结构构件作为顶棚装饰，并巧妙组合照明、通风、防火、吸声等设备，形成和谐统一的效果。一般应用于体育馆、展览馆等大型公共建筑，如彩图 20 结构式顶棚构造所示。

3.3　悬吊式顶棚的装饰构造

悬吊式顶棚又称吊顶，是指顶棚的装饰表面与屋盖或楼盖的结构底表面之间留有一定的距离，通过悬挂物与结构连接在一起。在这段空间中，通常结合布置各种管线、安装设备，如灯具、空调、烟感器、喷淋设备等。由于这段悬挂高度，使得悬吊式顶棚的形式不必与结构层的形式相对应，可以使顶棚在空间高度上产生变化，形成一定的立体感。通常这种悬吊式顶棚的装饰效果较好，形式变化丰富，多用于中、高档建筑的顶棚装饰。

3.3.1　悬吊式顶棚饰面特点

通常可以利用顶棚与结构之间的空间埋设各种管线和设备，可镶嵌灯具，还可灵活调节顶棚高度，丰富顶棚空间层次和形式，但构造复杂，对施工技术要求较高，造价较高。

悬吊式顶棚内部的空间高度，根据结构构件高度及上人、不上人确定。为节约材料和造价，应尽量做小，若功能需要，可局部做大，必要时要铺设检修走道以免破坏坏面层，保障安全。饰面应根据设计留出相应的灯具、空调等设备安装检修孔及送风口、回风口的位置等。

3.3.2　悬吊式顶棚构造组成

悬吊式顶棚一般由基层、面层、吊筋三大基本部分组成，如图 3-6 所示。

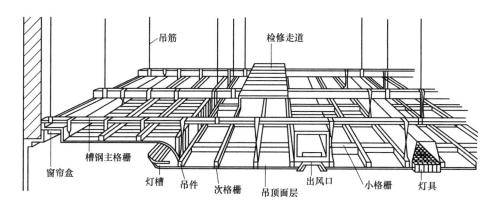

图 3-6　悬吊式顶棚的构造组成

1. 吊顶基层

吊顶基层即吊顶骨架层，是一个由主龙骨、次龙骨（或称主格栅、次格栅）所形成的网格骨架体系。主要承受顶棚荷载，并通过吊筋将荷载传递给屋盖或楼盖的承重结构。

常用的吊顶基层分为木基层和金属基层两种，龙骨断面根据材料的种类、是否上人和面板的做法等因素而定。

（1）木基层。木基层由主龙骨、次龙骨两部分组成。主龙骨为方木（50mm×70mm）或圆木，主龙骨间距一般在1.2~1.5m，主龙骨与吊筋的连接可采用钉接或栓接；次龙骨为木条（25mm×25mm），次龙骨间距根据面层规格而定，用50mm×50mm的方木吊筋挂钉在主龙骨底部，并用镀锌铁丝绑扎，如彩图21木基层吊顶所示。

若面层为抹灰，则次龙骨间距一般为400~600mm；若面层为板材，则次龙骨通常双向布置。

木基层施工方便，但耐火性较差。多用于传统建筑的顶棚和造型特别复杂的顶棚，应用时须采取相应的措施，如涂刷防火涂料等。

（2）金属基层。常见的金属基层有轻钢基层和铝合金基层。

轻钢基层一般用特制的型材，断面多为U形，故称U形轻钢龙骨系列。

U形轻钢龙骨基层，采用断面为U形的轻钢龙骨系列。由大龙骨、中龙骨、小龙骨、横撑龙骨及各种连接件组成。其中大龙骨按其承载能力分为三级：轻型大龙骨，不能承受上人荷载；中型大龙骨，能承受偶尔上人荷载；重型大龙骨，能承受上人的800N检修集中荷载，并可在其上敷设永久性检修走道，如图3-7所示。

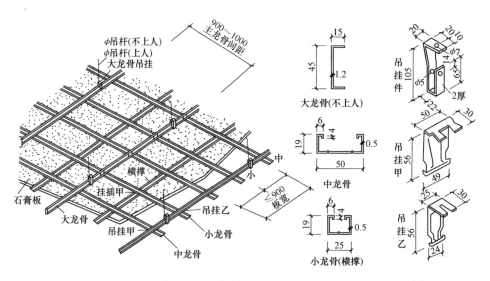

图3-7 U形轻钢龙骨基层构造

铝合金基层常用的有T形、U形、LT形及特制龙骨。应用最多的是LT形龙骨。

LT形铝合金基层，采用断面为L形和T形的龙骨。由大龙骨、中龙骨、小龙骨、边龙骨及各种连接件组成。大龙骨也分为轻型系列、中型系列、重型系列。

主龙骨用吊件吊杆固定；次龙骨和小龙骨用挂件与主龙骨固定；横撑龙骨撑住次龙骨。

顶棚荷载较大，或悬吊点间距很大，或在特殊环境下，必须采用普通型钢作基层，如角钢、槽钢、工字钢等。

2. 顶棚面层

顶棚面层的作用是装饰室内空间，还有吸声、反射声等一些特殊作用。面层的构造设计通常要结合灯具、风口等进行布置。

顶棚面层又分为抹灰类、板材类和格栅类。最常用的是装饰板材和装饰吸声板作面层。常用板材的类型及特性见表 3-1。

表 3-1　常用板材的类型及特性

名　称	材　料　性　能	适　用　范　围
纸面石膏板 石膏吸声板	质量小、强度高、阻燃防火、保温隔热，可锯、钉、刨、粘贴，加工性能好	适用于各类公共建筑的顶棚
矿棉吸声板	质量小、吸声、防火、保温隔热、美观、施工方便	适用于公共建筑的顶棚
珍珠岩吸声板	质量小、吸声、防火、防潮、防蛀、耐酸、装饰效果好，可锯、可割，施工方便	适用于各类公共建筑的顶棚
钙塑泡沫吸声板	质量小、吸声、隔热、耐水、施工方便	适用于公共建筑的顶棚
金属穿孔吸声板	质量小、强度高、耐高温、耐压、耐腐蚀、吸声、防火、防潮、化学稳定、组装方便	适用于各类公共建筑的顶棚
石棉水泥穿孔吸声板	质量大、耐腐蚀、防火、吸声效果好	适用于地下建筑、需降低噪声的公共建筑
金属面吸声板	质量小、吸声、防火、保温隔热、美观、施工方便	适用于各类公共建筑的顶棚
贴塑吸声板	热导率低、不燃、吸声效果好	适用于公共建筑的顶棚
珍珠岩植物复合板	防火、防水、防霉、防蛀、吸声、隔热，可锯、可钉、加工方便	适用于各类公共建筑的顶棚

顶棚面层与骨架的连接根据面层与骨架材料的形式处理，有的需要连接件、紧固件或连接材料，如螺钉、螺栓、圆钉、特制卡具、胶粘剂等，有的可以直接搁置或挂扣在龙骨上，不需要连接材料。

3. 顶棚的吊筋

吊筋是连接龙骨和承重构件的承重传力构件。吊筋的主要作用是承受顶棚荷载，并传递给屋盖、楼盖、屋顶梁、屋架等结构层；还可以调整顶棚的空间高度，从而适应不同的需要。

吊筋的形式与材料选用，与顶棚的自重及顶棚所承受的各种设备荷载有关，也与龙骨的形式和材料及屋盖、楼盖的承重结构的形式和材料有关。

吊筋可采用钢筋、型钢、方木等。钢筋吊筋用于一般顶棚，直径不小于 16mm；型钢吊筋用于重型顶棚或整体刚度要求特高的顶棚；方木吊筋一般用于木基层顶棚，并用金属连接件加固，可用 50mm×50mm 截面，如荷载很大，则需要通过计算来确定吊筋的截面尺寸。

3.3.3　悬吊式顶棚基本构造

悬吊式顶棚的基本构造做法要点如下。

1. 吊筋与吊点的设置

（1）吊筋设置。吊筋与楼屋盖连接的节点称为吊点，吊点布置的要点是考虑顶棚的平整度需要，吊筋的间距一般控制在 900～1500mm 左右，其大小取决于荷载的大小和龙骨的断面，荷载比较大则吊点应布置近些；龙骨断面大、刚性强，则吊点可适当减少，但吊筋距主龙骨端部的距离不得超过 300mm，否则应增设吊筋，以防主龙骨下坠。如彩图 22 吊筋布置示意图所示。

（2）吊筋与结构的连接。吊筋与结构的连接通常有以下几种构造方式。

1）预留钢筋吊环。在钢筋混凝土梁板底的预埋件上焊接或射钉固定吊环，将吊筋绕在此吊环上，如图 3-8 所示。

2）预埋件焊接。吊筋通过连接件（角钢、钢筋）与钢筋混凝土梁板底的预埋件两端焊接，如图 3-9 所示。

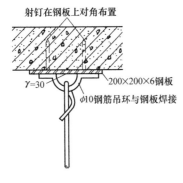

图 3-8　预留钢筋吊环

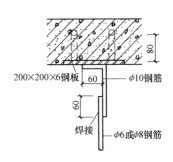

图 3-9　预埋件焊接

另外还有将吊筋与预埋钢筋焊接等方式。

（3）吊点增设位置。当龙骨断面大、荷载较大或者吊筋距主龙骨端部的距离超过300mm 时，应增设吊筋，否则主龙骨下坠，一般在下列位置应考虑增设吊点：

1）吊顶龙骨断开处。

2）吊顶高度、荷载变化处。

2. 龙骨的布置与连接

（1）龙骨的布置。龙骨布置需要注意以下四个问题：

1）控制整体刚度。顶棚的整体刚度与主龙骨和吊筋有关。一般通过调整龙骨的断面尺寸和吊点间距来综合考虑控制。

2）控制标高和水平度。顶棚标高是通过吊筋和主龙骨的标高来调整的。为保证顶棚的水平度，并消除视觉误差，当顶棚跨度较大时，中部要适当起拱，才能保持顶棚的水平度，起拱的幅度一般由顶棚的跨度决定，跨度为 7～10m 时，按跨度的 3‰ 起拱；跨度为 10～15m 时，按跨度的 5‰ 起拱。

3）龙骨的相互位置关系。主龙骨与次龙骨垂直，次龙骨与小龙骨垂直，小龙骨与横撑龙骨垂直。

4）龙骨布置应考虑顶棚造型和设备布置的需要。实际工程中，顶棚的造型较复杂，竖向有多个高低层次，平面有矩形、圆形、扇形、弧形等不规则形状；顶棚在照明、通风等设计中，应在灯具及风口位置预先留出足够空间。

（2）龙骨连接构造

1）主龙骨与吊杆连接：螺栓连接；吊件钩挂；绑扎吊挂。如果是木龙骨木吊筋，将主龙骨钉在木吊筋上；如果是钢筋吊筋龙骨，将主龙骨用镀锌铁丝绑扎、钉接或螺栓连接；如果是钢筋吊筋金属龙骨，将主龙骨用连接件与吊筋钉接、吊钩或螺栓连接。

2）主龙骨与次龙骨连接：挂件连接；吊木钉接。

3. 饰面层的连接

（1）抹灰类面层。首先在骨架上钉木板条、钢丝网或钢板网；然后再做抹灰层，抹灰的构造做法与墙体饰面构造相同。需要增加装饰效果，就在抹灰层上再进行贴面、裱糊饰面等。

（2）板材类面层。

1）面板与骨架连接。板材类面层与骨架的连接一般需要连接件、紧固件等连接材料。如果是板材类面层与金属基层连接，采用自攻螺钉或卡入式等；如果是板材类面层与木基层连接，采用木螺钉或圆钉等；如果是钙塑板、矿棉板与 U 形龙骨连接，采用胶粘剂等；如果是搁置面板则不需连接。

2）面板拼缝形式。拼缝是影响顶棚面层装饰效果的一个重要因素，一般有对缝、凹缝、盖缝和边角处理等几种方式，如图 3-10 所示。

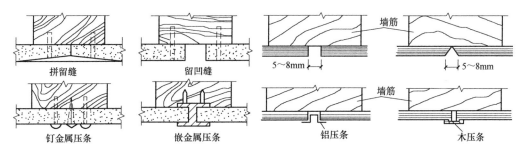

图 3-10　面板拼缝构造

① 对缝，是指板与板在龙骨处对接，多采用粘或钉的方式对面板进行固定。

② 凹缝，是在两块面板的拼缝处，利用面板的形状、厚度等做出的 V 形或矩形拼缝，凹缝的宽度不小于 10mm，必要时可采用涂颜色、加金属压条等处理方法，从而增强线条和立体感。

③ 盖缝，板材间的拼缝不直接暴露，而是利用龙骨的宽度或专门的压条将拼缝盖起来，从而看不到拼缝。这种方法可以掩盖板材施工在拼缝处的不足。

④ 边角处理，为了改变面板和骨架的连接方式，并且增加面板表面的效果，可以通过对面板边角的不同处理方式来满足，常用的方式如图 3-11 所示。

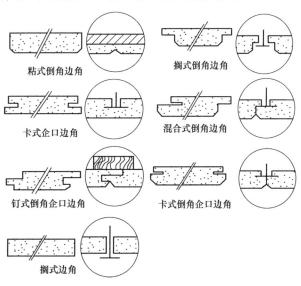

图 3-11　边角处理

35

3.3.4 常见悬吊式顶棚构造

1. 板材类吊顶构造

板材类顶棚根据需要可选用不同的面层材料，如实木板、刨花板、木屑板、稻草板、甘蔗板、胶合板、纤维板、钙塑板、石膏板、塑料板、硅钙板、矿棉吸声板以及铝合金等轻金属板材。吊顶龙骨可以用木或金属材料，防火要求较高时，宜选择金属龙骨和金属板材或其他防火板材。

板材类顶棚的基本构造是在其承重结构上预设吊筋，或用射钉等固定连接将主龙骨固定于吊筋上，次龙骨再固定在主龙骨上，然后将面层板固定在龙骨上或搁置在龙骨上。

（1）木质顶棚。木质顶棚是指饰面板采用实木条板和各种人造木板（如刨花板、木屑板、稻草板、甘蔗板、胶合板、木丝板、填芯板等）的顶棚。木顶棚的龙骨一般用木材制作，只需一层主龙骨垂直于条板放置，间距为500mm或625mm，吊杆间距约1000mm，靠边主龙骨离墙的间距不大于200mm。人造木板顶棚的龙骨常布置成格子状，分格大小应与板材规格相协调。龙骨间距多为450mm左右。

实木顶棚饰面板一般多为条板，常用规格为90mm宽，1.5～1.6m长，成品有光边、企口和双面槽缝等多种形式，如图3-12所示。其中，离缝平铺的离缝约10～15mm，在构造上除可以采用钉接之外，常采用凹槽边板，用隐蔽夹具卡住，固定在龙骨上，这种做法有利于通风和吸声。为了加强吸声效果还可在木板上加铺一层矿棉吸声材料，如图3-13所示。

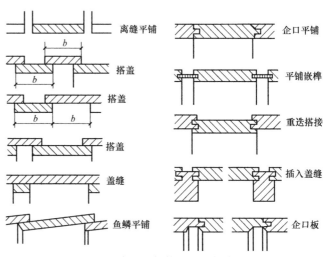

图 3-12　实木顶棚饰面板的结合形式

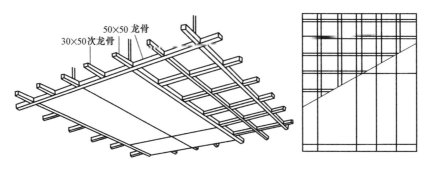

图 3-13　木板顶棚的构造

（2）石膏板顶棚。顶棚用的饰面石膏板，是以石膏为主要材料，加入纤维粘接剂、缓凝剂、发泡剂，压制后干燥而成。它的主要特点是防火、隔声、隔热、质量轻、强度高、收缩率小、不受虫害、耐腐蚀、不老化、稳定性好，并具有施工方便等优点。常用的类型有纸面石膏板和无纸面石膏板两种。

常用的纸面石膏板是纸面石膏装饰吸声板，又分有孔和无孔两大类。纸面石膏板可以直接搁置在倒"T"形方格龙骨上，也可以用埋头或圆头螺钉拧在龙骨上，还可以在石膏板的背面加设一条压缝板，以提高其防火能力，大型纸面石膏板用沉头螺钉安装后，可以刷色、裱糊墙纸，加贴面层或做成各种立体的顶棚，如竖向条纹或格子状顶棚。如图 3-14 所示。

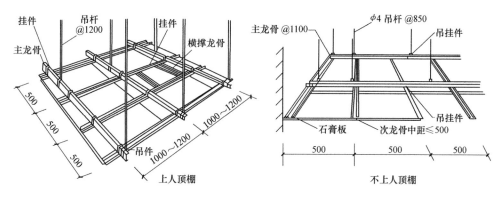

图 3-14　轻钢龙骨纸面石膏板构造

常用的无纸面石膏板是在石膏内加有纤维或某种添加剂以增强其强度或某种性能，有石膏装饰吸声板和防水石膏装饰吸声板两类，这种石膏板多为 500mm × 500mm 的方形，除光面、打孔外，还常制成各种形式的凹凸花纹。安装方法同纸面石膏板。

（3）矿棉纤维板和玻璃纤维板顶棚。矿棉纤维板和玻璃纤维板具有不燃、耐高温、吸声的性能，比较适合于有一定防火要求的顶棚。此类板材的厚度一般为 20 ~ 30mm，形状多为方形或矩形，一般直接安装在金属龙骨上，常见的构造方式有暴露骨架（又称明架）、部分暴露骨架（又称明暗架）、隐蔽式骨架（又称暗架）三种。

暴露骨架顶棚的构造是将方形或矩形纤维板直接搁置在骨架网格的倒"T"形龙骨的翼缘上，如图 3-15 所示。

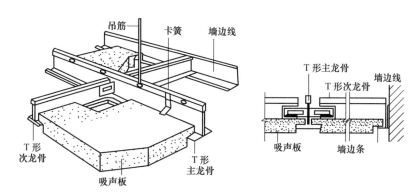

图 3-15　暴露骨架顶棚构造

部分暴露骨架顶棚的构造做法是将板材的两边制成卡口，卡入倒"T"形龙骨的翼缘中，另两边搁置在骨架上，如图 3-16 所示。

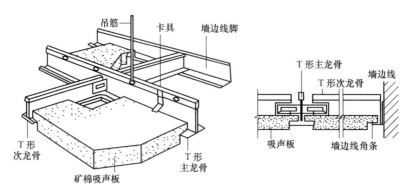

图 3-16　部分暴露骨架顶棚构造

　　隐蔽式骨架顶棚的做法是将面板的侧面都制成卡口，卡入骨架网格的倒"T"形龙骨翼缘之中，如图 3-17 所示。

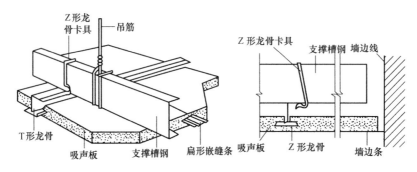

图 3-17　隐蔽式骨架顶棚构造

　　这三种构造做法对于安装、调换饰面板材都比较方便，因而有利于顶棚上部空间的设备和管线的安置和维修。

　　2. 金属板顶棚构造

　　金属板顶棚是采用铝合金板、薄钢板等金属板材面层，铝合金板表面做电化铝饰面处理，薄钢板表面可用镀锌、涂塑、涂漆等防锈饰面处理。两类金属板都有打孔和不打孔的条形、矩形等形式的型材。顶棚的龙骨除了是承重杆件外，还兼有卡具的作用。由于它具有自重小、色泽美观大方、质感明快、表面平整、线条刚劲挺拔、构造简单、安装方便、防火、防潮耐湿和耐久、吸声（在板上开孔或设置吸声材料）等优点，被广泛用于厅、卫浴及厨房吊顶。

　　（1）金属条板顶棚。金属条板顶棚是以各种不同造型的条形板与一套特殊的专用龙骨系列构造而成的顶棚。金属条板一般为铝合金和薄钢板轧制而成的槽形条板，有窄条、宽条之分，根据条板类型的不同，顶棚龙骨的布置方法也不同。按条板与条板相接处的板缝处理形式的不同，可分为敞开式条板顶棚和封闭式条板顶棚，如图 3-18 所示。敞开式条板顶棚，板与板之间的缝隙可达 7mm 左右，可以增加顶棚的纵深感觉，板缝中也可放置薄板或塞入压条，以创造不同的意境。对于有吸声要求的顶棚，可用穿孔条板，上部放置吸声材料如矿棉或玻璃棉垫，以加强吸声效果，如图 3-19 所示。

　　金属条板一般多用卡口方式与龙骨相连，或者采用螺钉固定。但这种卡口的方法，通常只适用于板厚小于等于 0.8mm，板宽不超过 100mm

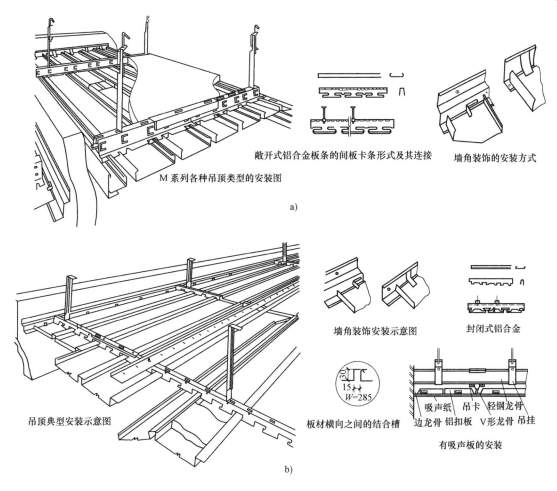

敞开式铝合金板条的间板卡条形式及其连接　　墙角装饰的安装方式

M 系列各种吊顶类型的安装图

a)

墙角装饰安装示意图　　　　封闭式铝合金

吊顶典型安装示意图　　　　板材横向之间的结合槽

吸声纸　吊卡　轻钢龙骨

边龙骨　铝扣板　V 形龙骨　吊挂

有吸声板的安装

b)

图 3-18　金属条板顶棚类型

a) 敞开式铝合金板条安装图　b) 封闭式铝条安装

的条板。对于板宽超过 100mm，板厚超过 1mm 的板材，多采用螺钉等来固定。配套龙骨及配件各厂家均自成体系，可根据不同需要进行选用，以达到美观实用的效果。金属条板的断面形式很多，其配套件的品种也是如此，当条板的断面不同、配套件不同时，其端部处理的方式也不尽相同。

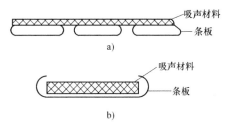

吸声材料
条板
a)

吸声材料
条板
b)

图 3-19　吸声材料的做法

a) 吸声材料放在条板上面

b) 吸声材料放在条板内

金属条板顶棚，一般来说属于轻型不上人吊顶，当吊顶上承受重物或需上人检修时，常因承载能力不够而出现变形，这种情况在龙骨兼卡具的吊顶中尤其严重。因此，对于荷重较大或需上人检修的吊顶，一般多采用以角钢（或圆钢）代替轻便吊筋的方法来解决，并增加一 "U" 形（或 "C" 形）主龙骨（双层龙骨）作为承重杆件，模仿上人吊顶的一般处理方法，可更好地解决吊顶不平及局部变形等问题。

（2）金属方形板顶棚。金属条板顶棚是以各种不同造型的方形板与一套特殊的专用龙骨系列构造而成的顶棚。金属方板与顶棚表面设置的灯具、风口、喇叭等容易协调一致，形成有机的整体。另外，采用方形板吊顶时，与柱、墙边交接处理时较为方便合理。若方形板顶棚采用开放型结构时，还可兼通风作用。

金属方形板安装的构造有搁置式和卡入式两种。

搁置式多为"T"形龙骨，方形板四边带翼缘，搁置后形成格子状的离缝，如图3-20所示。

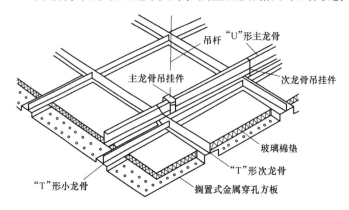

图3-20 搁置式金属方形板顶棚构造

卡入式的金属方形板卷边向上，形同有缺口的盒子形状，一般边上扎出凸出的卡口，卡入带有夹器的龙骨中，如图3-21所示。方形板也可以打孔，上面衬纸再放置矿棉或玻璃棉的吸声垫，吸声材料做法与条形板相同。方形板也可压成各种纹饰，组合成不同的图案。

在金属方形板吊顶中，当四周靠墙边缘部分不符合方形板的模数时，可以改用条板或纸面石膏板等材料处理。

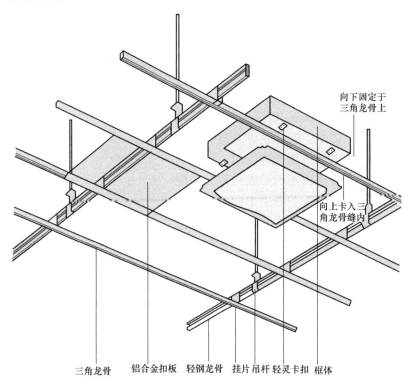

图3-21 卡入式金属方形板顶棚构造

3.4　格栅类顶棚的装饰构造

格栅类顶棚由藻井式顶棚演变而成，其表面开敞，故又称为开敞式吊顶。

3.4.1　格栅类顶棚的特点

格栅类顶棚采用木、金属、灯饰、塑料等单体构件组合而成，可表现出一定的韵律感，如图 3-22 所示。还可将单体构件与灯具和装饰品等的布置相结合，通过插接、挂接或榫接的方法连接在一起，增加吊顶构件与灯具的艺术效果，如图 3-23 所示。格栅类顶棚既可做成自然采光顶棚，又可以做成人工照明顶棚，既可与 T 型龙骨分格安装，又可大面积地组装。

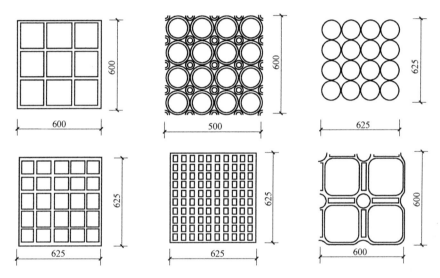

图 3-22　常见单体构件的形式

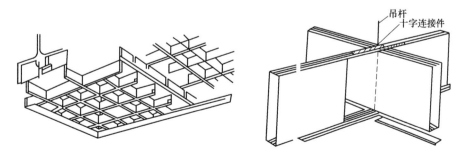

图 3-23　单体构件的连接构造

由于上部空间是敞开的，上部空间的设备、结构及管道均可看见，影响装饰效果，多数采用的处理办法是将吊顶构件、设备管道及上部结构空间刷暗色，使得上部空间内的设备、结构及管道变得模糊，并利用灯光反射加强下部空间的亮度，形成强烈反差，将人的视线吸引到下部空间，从而忽略上部空间，达到既遮又透的效果，减少了吊顶的压抑感，如彩图 23 所示暗色顶棚，别具特色。

格栅类顶棚具有一定的韵律感和通透感，近年来在各种类型（特别是公共类）的建筑中应用较多，如彩图 24 格栅类顶棚的韵律感和通透感所示。

3.4.2 木格栅顶棚装饰构造

木制单体构件的造型多样，可形成不同风格的木格栅顶棚。木结构单体构件形式归为以下几种。

（1）单板方框式。单板方框通常是用厚度为 9 ~ 15mm 的木夹板，形成一定宽度的板条（一般宽为 120 ~ 200mm），在板条上按方框尺寸的间隔画线，然后开凹槽，槽深为板条宽度的一半。开槽时要注意保证开槽的垂直度，开槽完成后清除边口的毛刺，在槽口处涂刷白乳胶后进行对拼插接，如图 3-24 所示。

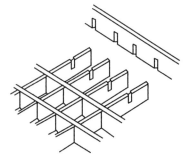

图 3-24 单板方框式

（2）骨架单板方框式。骨架单板方框是先用方木按骨架制作方法组装成方框骨架片，然后用厚木夹板开片成设计规格宽度的板条，并按方框的尺寸将板条锯成所需短板，最后将短板与方木骨架固定。短板对缝处用胶加钉固顶，如图 3-25 所示骨架单板方框式。

（3）单条板式。单条板是先用实木或厚木夹板加工成木条板，并在木条板上按设计要求开出方孔或长方孔，然后用实木加工成截面尺寸与开孔尺寸相同的木条，或与开孔尺寸相同的轻钢龙骨，作为支承单条板的主龙骨，最后将单条板逐个穿入作为支承龙骨的方木或轻钢龙骨内，并按设计的间隔进行固定，如图 3-26 所示。

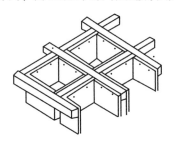

图 3-25 骨架单板方框式

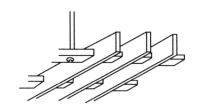

图 3-26 单条板式

3.4.3 灯饰格栅顶棚装饰构造

格栅式吊顶与灯光布置的关系密切，常将其单体构件与灯具的布置结合起来，增加了吊顶构件和灯具双方的艺术功能。常用的灯具的布置有以下几种形式。

（1）内藏式。将灯具布置在吊顶的上部，并与吊顶表面保持一定距离。由于开敞式吊顶的单体构件的遮挡，这种做法会造成灯的光源不能集中照射，形成漫射光。

（2）悬吊式。将灯具用吊链或吊杆悬吊在吊顶平面以下，在光源的组成上，组合的方式较多，有单筒式的吊灯、多头艺术吊灯等。特别是在公共建筑中的大厅、大堂空间中，装饰性的艺术吊灯应用更为普遍。

（3）吸顶式。将灯具固定在吊顶平面上，有行列式灯具布置和交错式布置。因为灯具在吊顶顶面以下，所以，这种布置在选择灯具规格时较灵活，不受单体构件尺寸的限制。

（4）嵌入式。将灯具嵌入单体构件的网格内，灯具与吊顶表面平齐或者伸出吊顶一部分，灯光效果可以是直角式的光源，也可以是其他形式的光源，主要取决于灯具。

具体布置形式如图3-27所示。

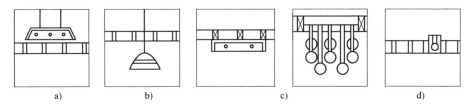

图3-27　灯具的布置
a）内藏式　b）悬吊式　c）吸顶式　d）嵌入式

3.4.4　金属格栅顶棚装饰构造

金属格栅顶棚是由金属条板等距离排列成条状或格子状而形成的，为照明、吸声和通风创造良好的条件。在金属格栅顶棚中应用最多的是铝合金格栅式顶棚，它是格栅类顶棚中应用较多的一种形式。

铝合金格栅类单体构件，其造型多种多样，有方块形铝合金单体、方筒形铝合金单体、圆筒形铝合金单体、花片形铝合金单体等，通常用0.5～0.8mm厚的铝合金薄板加工而成，其表面色彩按设计要求进行加工。常见的铝合金格栅有GD2、GD3、GD4型，如图3-28所示。

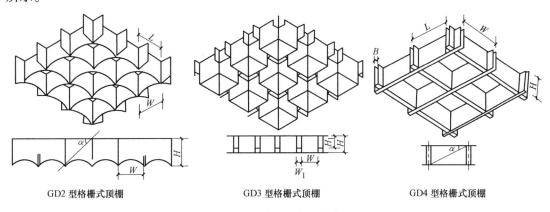

GD2型格栅式顶棚　　　　GD3型格栅式顶棚　　　　GD4型格栅式顶棚

图3-28　铝合金格栅顶棚类型

3.5　软膜类顶棚的装饰构造

3.5.1　软膜顶棚材料的特点

软膜顶棚也称为膜结构顶棚。软膜是用聚氯乙烯材料做成的，拥有良好的绝缘功能，造型多变，色彩丰富多样，并可大面积使用，是一种可反复拆装、安全环保的软质柔性的顶棚材料。软膜材料具有诸多优点，成为现代装饰吊顶的常用材料，如图 3-29 ~ 图 3-31 所示。软膜顶棚材料具有如下特点：

图 3-29　软膜顶棚案例图（一）

图 3-30　软膜顶棚案例图（二）

图 3-31　软膜顶棚案例图（三）

1）防火性能：其软膜顶棚主要成分是聚氯乙烯材料，具有绝缘功能，软膜材质，采用符合防火标准的材料生产，因而软膜顶棚的防火性能较好。

2）节能功能：软膜顶棚的表面，是依照电影银幕的原理制造，这种设计的目的，正是要将灯光的折射度增强，从而减少室内顶棚上的灯源数量。

3）防菌功能：软膜顶棚添加了特殊的抗菌和防霉制剂，可以有效抑制金黄葡萄球菌、肺炎杆菌等多种致病菌。

4）防水功能：防水软膜层用经过特殊处理的聚氯乙烯材料制成，能承托 200kg 以上的污水，而不会渗漏和损坏，清洁完毕后，软膜仍完好如新。表面经过防雾化处理，不会因为环境潮湿而产生凝结水。

5）丰富的色彩：软膜表面，有上百种色彩可供选择，拥有喷涂指定的图案、图画。

6）强大的造型功能：根据龙骨的弯曲形状，来确定顶棚的整体造型，造型随意、多样。大面积使用，更能体现简洁、流畅的室内效果。可以根据客户要求调整设计和安装。

7）安装方便：可直接安装在墙壁、木方、钢结构、石膏间墙和木间墙上，适合于各种建筑结构，并可反复拆装。在整个安装过程中，不会有溶剂挥发，不落尘，不会对室内的其他结构产生影响，甚至可以在正常的生产和生活过程中进行安装。

8）优异的抗老化功能：软膜和扣边，经过特殊抗老化处理，龙骨一般由铝合金制成。

9）安全环保：采用环保无毒配方，不含镉、乙醇等有害物质，使用期间无有毒物质释放，可100%回收，完全符合当今社会的环保主题。

10）理想的声学效果：可以营造高、中、低频音的混响时间，完全达到国家所制定的标准。

3.5.2 软膜顶棚与传统顶棚的比较

软膜顶棚与传统顶棚的比较见表3-2。

表3-2 软膜顶棚与传统顶棚的比较

	软膜顶棚	普通材料顶棚
规格	度身定做产品，整块最大可做到40m²	只能小块拼装
造型	可轻易完成各式各样的艺术造型	不能造型
色彩	任意色彩、任意配色并且不变色	色彩单一、易变色
变形	不会变形	易变形
重量	220g/m²	3000g/m²
寿命	>10～15 年	5～8 年
安装时间	天/100m²	3 天/100m²

3.5.3 软膜的分类

1）基本膜：最早期的一种软膜类型，光感次于缎光膜，整体效果雅致，价格实惠。

2）金属膜：具有强烈的金属质感，并能产生金属光感，具有很强的观赏效果。

3）光面膜：有很强的光感，能产生类似镜面的反射效果。

4）透光膜：呈乳白色，半透明，在封闭的空间内透光率为75%，能产生完美、独特的灯光装饰效果。

5）缎光膜：光感仅次于光面，整体效果纯净、高档。

6）鲸皮面：表面呈绒毛状，整体效果高档、华丽，有优异的吸声性能，能营造出温馨的室内效果。

3.5.4 软膜顶棚的构造

1）软膜：软膜采用特殊的聚氯乙烯材料制成，保证不含镉，其防火级别为B1（中国），通过一次或多次切割成形，并用高频焊接完成，它需要按照在实地测量出的顶棚形状及尺寸在工厂里生产制作。

2）扣边条：软膜龙骨采用聚氯乙烯材压制成型，其防火级别为 B1（中国），另一种采用合金铝材料挤压成形，其防火级别为 A1（中国）。它有各种各样适合的形状，直的、弯的，可被切割成合适的角度后再装配在一起，并被固定在室内顶棚软膜的四周边缘上，以用来扣住膜材。

3）铝合金龙骨：用来扣住软膜顶棚，采用铝合金挤压成形，其防火级别为 A 级。有三种型号满足各种造型的需要，龙骨安装在墙壁、木方、钢结构、石膏间墙和木间墙上，适合于各种建筑结构。龙骨只需要螺钉按照一定的间距均匀固定即可，安装十分方便。如图 3-32、图 3-33 所示。

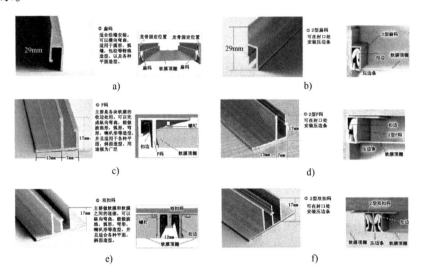

图 3-32 软膜顶棚构造图

a）扁码 b）2 型扁码 c）F 码 d）2 型 F 码 e）双扣码 f）2 型双扣码

图 3-33 软膜顶棚构造实例图

3.5.5 软膜顶棚施工要点

软膜顶棚施工工程属于独立的单体群，暗藏灯透光膜装饰顶棚，每一个暗藏灯箱得由施工方吊装完成，包括内装灯管，安装完成封口专用张拉膜。为了达到装饰效果，灯箱盒的深度不得少于300mm，盒内刷白。各装饰接点施工，需要和施工方共同协商完成。

施工流程：按图纸尺寸制作灯箱盒——工厂实际测量并加工软膜——安装灯具——现场安装铝合金骨架——清理盒内灰尘——加热风炮均匀加热软膜——用专用扁铲把软膜张紧插到铝合金龙骨骨架槽口中——清理、日常维护。如图3-34、图3-35所示。

图3-34　软膜顶棚安装步骤图

图3-35　软膜顶棚安装实景图

3.6　顶棚特殊部位构造

3.6.1　顶棚与墙面连接构造

顶棚边缘与墙体的固定方式随顶棚形式和类型的不同而不同，可结合照明灯具、空调风口、音响器材等设备设施布置需要和空间造型处理成各种形式，和总体可以取持平、下沉和内凹三种关系，具体端部造型处理有凹角、直角、斜角等形式，如图3-36所示。

如果吊顶端部与大面持平即直角处理时，一般要在与墙面交接处加做装饰压条，常用的装饰压条材料有木制和金属，可与龙骨连接，也可与墙内的预埋件连接，如图3-37所示。

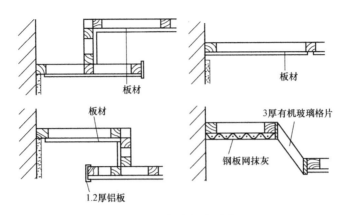

图 3-36 顶棚端部造型处理

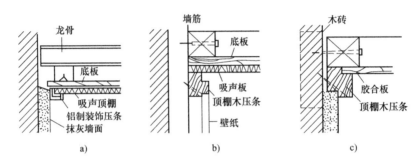

图 3-37 顶棚端部装饰压条做法
a) 做法一 b) 做法二 c) 做法三

3.6.2 顶棚与灯具连接构造

灯具安装的基本构造方式应根据灯具的种类确定。有的灯具与顶棚直接结合（如吸顶灯等），有的灯具与顶棚不直接结合（如吊灯等）。

吊灯通过吊杆或吊索悬挂在顶棚下面，吊灯可直接安装在结构层上、安装在次龙骨上或补强龙骨上。

吸顶灯是直接固定在顶棚平面上的灯具，小吸顶灯直接连接在顶棚龙骨上，大型吸顶灯要从结构层单设吊筋，增设附加龙骨。

嵌入式灯具应在需要安装灯具的位置，用龙骨按灯具的外形尺寸围合成孔洞边框，此边框既作为灯具安装的连接点，也作为灯具安装部位局部补强龙骨。图 3-38 为几种灯具与顶棚的连接构造。

3.6.3 顶棚与通风口连接构造

顶棚必须经常保持良好的通风以利于散热、散湿，以免其中的构件或设备等发霉腐烂，因此需要设置必要的通风口。通风口可以布置在吊顶的底面或侧壁上，可以做成固定格栅式，并用钢板网作衬底，它与顶棚的连接构造如图 3-39 所示。

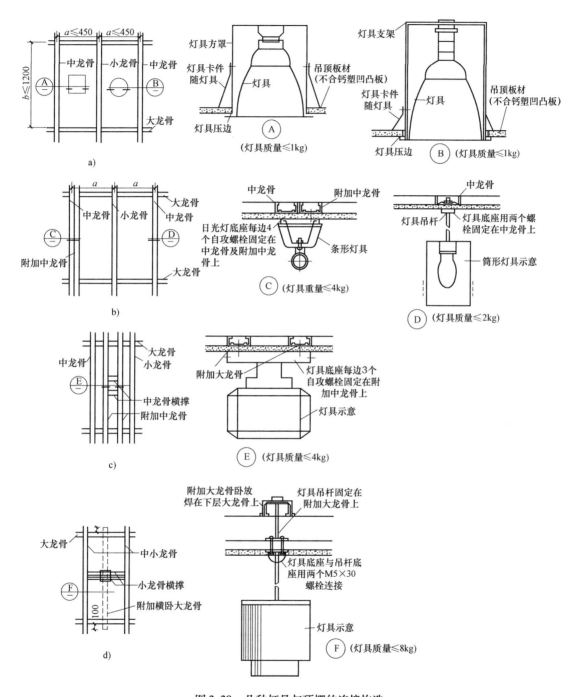

图 3-38　几种灯具与顶棚的连接构造

a）灯具固定在顶棚板上　b）灯具固定在中龙骨上　c）灯具固定在附加中龙骨上　d）灯具固定在附加大龙骨上

注：1. 本图内灯具及安装仅作示意。设计人员需根据各工程采用的灯具质量、灯具形状、吊挂方式等条件选用相应节点。

　　2. 超重型装饰灯具（＞8kg）以及有震动的电扇等，均需自行吊挂，不得与吊顶龙骨发生受力关系。

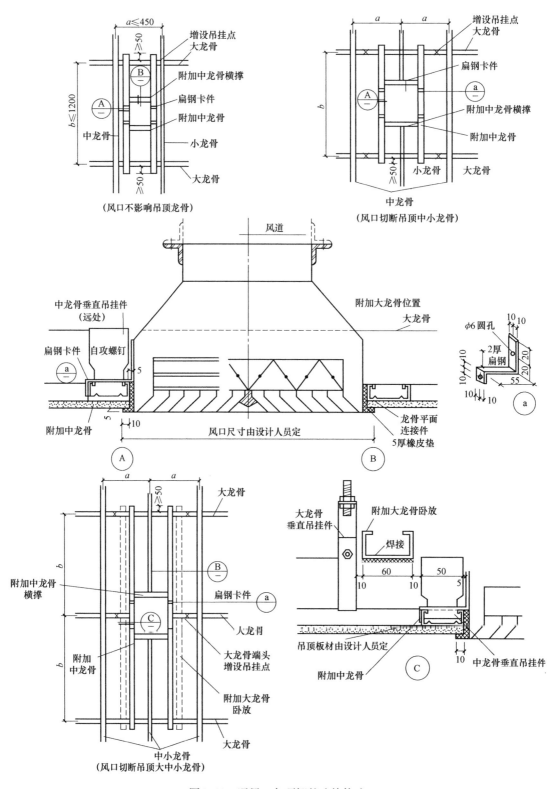

图 3-39　通风口与顶棚的连接构造

注：1. 风口安装时应自行吊挂，与吊顶龙骨不发生受力关系。

　　2. 圆形风口安装时在板材上切割圆洞，龙骨做法同方形风口。

通风口有明通风口和暗通风口两种布置方式。明通风口通常安装在附加龙骨边框上，边框规格不小于次龙骨规格，并且用橡皮垫进行减噪处理。暗通风口是结合吊顶的端部处理而做成的通风口，如图3-40所示。这种方法不仅避免了在吊顶表面设风口，有利于保证吊顶的装饰效果，还可将通风、端部处理和装饰效果三者有机地结合起来。

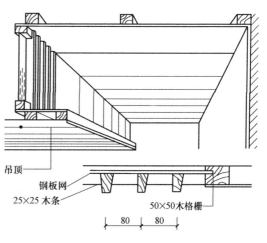

图 3-40　暗通风口的构造

3.6.4　顶棚与检修孔连接构造

顶棚及顶棚内的各类设备，会在使用过程中损坏或出现故障，所以必须经常作例行检查或维修，在顶棚上设置检修孔，既要满足使用要求，检修方便，又要尽量隐蔽，使顶棚保持完整统一。顶棚检修孔是顶棚装饰的组成部分，对大厅式房间尤为重要，一般应设置不少于两个的检修孔，位置尽量隐蔽。

检修上人孔的尺寸一般不小于600mm×600mm，常用的设置方式有活动板进人孔和灯罩进人孔，图3-41是使用活动板作顶棚上人孔的构造示意，使用时可以打开，合上后又与周围保持一致。图3-42是利用灯罩作上人孔，其中的格栅式折光片可以被顶开，上面的白漆钢板灯罩也是活动式的，需要时可以掀开。

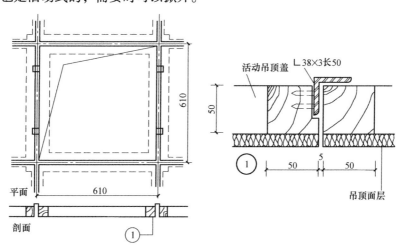

图 3-41　活动板上人孔构造

顶棚上的检修门一般用作对设备中一些容易出故障的节点进行检修，所以它的尺寸相对较小，只要能操作即可。图3-43是顶棚设在灯槽处的检修孔构造，由于设在侧壁下部或向内倾斜，所以不容易被发现。

3.6.5　不同材质顶棚连接构造

顶棚在考虑造型处理时，可能会采用两种或两种以上的装饰材料，不同材质装饰材料的

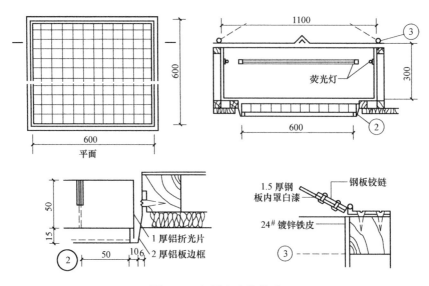

图 3-42 灯罩上入孔构造

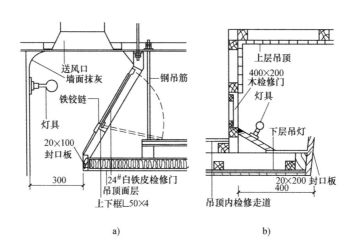

图 3-43 检修孔构造

a) 金属检修孔 b) 木检修孔

交接处会有明显的缝隙或者痕迹，为了掩盖此痕迹，往往要采用收口处理，具体有压条过渡收口和高低差过渡收口这两种做法，如图 3-44 所示。

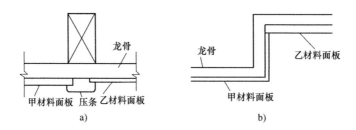

图 3-44 不同材质顶棚的连接构造做法

a) 压条过渡收口处理 b) 高低差过渡收口处理

3.6.6 不同高度顶棚连接构造

顶棚通过高低变化（即迭级）不仅起到限定空间，丰富造型的作用，而且满足音响、照明设备等的设置，甚至满足特殊效果的要求。

不同高度顶棚的构造主要是高低交接处的构造处理，能够保证顶棚的整体刚度，避免因变形不一致而导致的顶棚饰面破坏。

常用的构造做法是在高低交接处设置附加龙骨，通过龙骨搭接与龙骨悬挑等方式解决高低差问题，如图 3-45 所示。

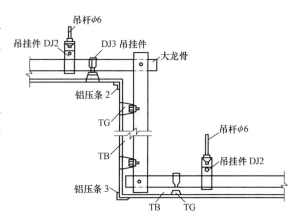

图 3-45 不同高度顶棚连接构造

3.6.7 顶棚内检修通道构造

检修通道是上人顶棚中的人行通道（或称马道），主要用于顶棚中的设备、管线、灯具等的安装与检修。因此检修通道的设置要靠近灯具等需维修的设施，宽度以一个人能通行为依据，构造要求是将检修通道设置在大龙骨上，并增加大龙骨及吊点的数量，常用的通道做法有以下三种。

（1）简易通道。考虑偶尔上人的情况，采用 2 根 30mm×60mm 的 U 形龙骨，槽口朝下固定在顶棚的主龙骨上，吊杆采用 φ8mm，并在吊杆焊 30mm×30mm×3mm 的角钢上做水平栏杆扶手，扶手高度为 600mm，构造做法如图 3-46 所示。

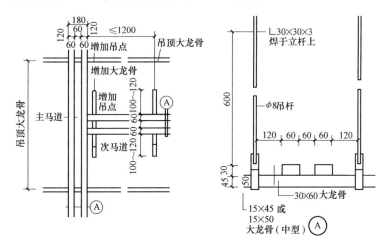

图 3-46 简易通道构造

（2）次通道。考虑经常上人的次要通道，采用 4 根 30mm×60mm 的 U 形龙骨，槽口朝下固定在顶棚的主龙骨上，设立杆和扶手，立杆的中距 1000mm，扶手高度 600mm，构造做法如图 3-47 所示。

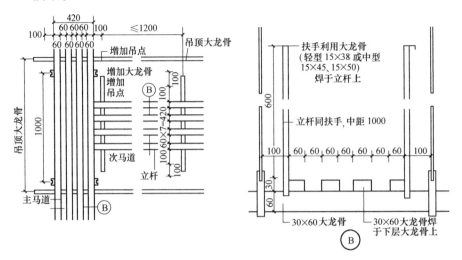

图 3-47 次通道构造

（3）主通道。考虑频繁上人的主要通道，采用 $\phi8$mm 的圆钢按中距 60mm 做踏面材料，圆钢焊于两端的 50mm × 5mm 的角钢上，设立杆和扶手，立杆中距 800mm，扶手高度 600mm，构造做法如图 3-48 所示。

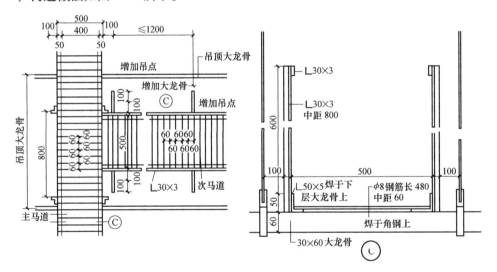

图 3-48 主通道构造

本 章 小 结

顶棚的类型有直接式和悬挂式两种。直接式顶棚是在楼板底面直接喷浆和抹灰，或粘贴装饰材料。悬挂式顶棚是预先在顶棚结构中埋好金属杆，然后将各种板材吊挂在金属杆上。

悬挂式顶棚即吊顶顶棚。它由三部分组成：即吊杆或吊筋（镀锌铁丝、钢筋、螺栓、型钢、方木等）、龙骨或格栅（木质、轻钢、铝合金）及面层（各种抹灰、各种罩面板和装饰板材）。

吊杆是连接龙骨与楼板（或屋面板）的承重结构，它上端与楼板（或屋面板）等承重结构相连，下端与主格栅相连。它的形式与选用和楼板的形式、龙骨的形式及材料有关，也与顶棚重量有关。

龙骨是顶棚中承上启下的构件，它与吊杆连接，并为面层面板提供安装节点。普通的不上人顶棚一般用木龙骨、型钢或轻钢龙骨及铝合金龙骨；上人顶棚的龙骨，因承载要求高，要用型钢或大断面木龙骨，然后在龙骨上做人行通道（或称马道）。在顶棚上安装管道以及大型设备的龙骨要加强。

常用的饰面板材有各种石膏板（装饰石膏板、纸面石膏板、吸声穿孔石膏板及嵌装式装饰石膏板）、金属板（金属微穿孔吸声板、铝合金装饰板、铝合金单体构件）及其他饰面板（纤维板、胶合板、塑料板、玻璃棉及矿棉板等）。选用板材应考虑质量轻、防火、吸声、隔热、保温等要求，但更主要的是牢固可靠，装饰效果好，便于施工和检修拆装。

思考题与习题

1. 顶棚的作用是什么？
2. 顶棚的装饰类型有哪些？
3. 什么是直接式顶棚？有什么特点？常见的做法有哪些？
4. 什么是悬吊式顶棚？简述悬吊式顶棚的基本组成部分及其作用。
5. 简述悬吊式顶棚的种类及其构造。
6. 简述钢板网顶棚的装饰构造做法。
7. 简述轻钢龙骨石膏板顶棚的装饰构造做法。
8. 简述暴露骨架顶棚、部分暴露骨架顶棚、隐蔽骨架顶棚的构造做法的异同点。
9. 用简图说明金属板顶棚方板与条板交接处的构造做法。
10. 格栅式顶棚有哪些特点？
11. 用简图说明不同高度顶棚高低交接处的构造做法。

实 训 环 节

图 3-49、图 3-50、图 3-51 所示为宾馆大堂的平面布置图和顶棚布置图及顶棚尺寸图，试根据图中所提供的尺寸，按照要求完成下列构造设计内容：

（1）对顶棚进行平面布置设计，绘制顶棚平面布置详图（包括顶棚造型各部分的详细平面尺寸与相互位置关系，顶棚各部分的骨架、面板、吊点的详细平面尺寸与相互位置关系，标注所选用材料的名称、规格及要求）。

（2）对顶棚进行竖向布置设计，绘制顶棚剖面图（包括顶棚造型各部分的详细竖向尺寸、标高与相互位置关系，顶棚各部分的骨架、面板、吊点的详细竖向尺寸与相互位置关系，标注所选用材料的名称、规格及要求）。

（3）对顶棚的细部进行设计，绘制顶棚各细部详图（包括各部分交接处理、灯具与顶棚连接、墙面交接处理等，标注所选用材料的名称、规格及要求）。

（4）对顶棚进行有关技术设计，将有关技术要求体现在上述构造设计中，并另加注设计说明。

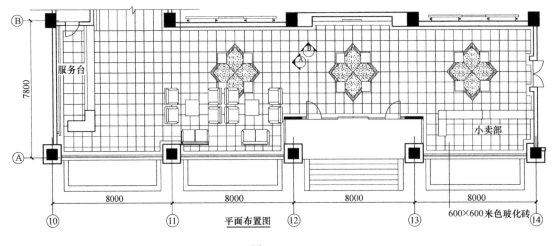

图 3-49

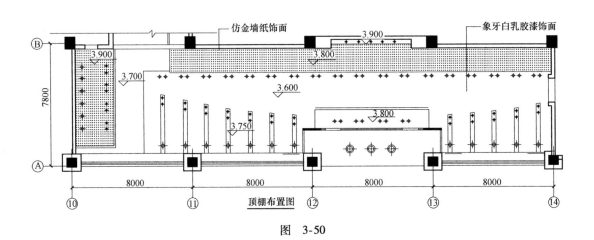

图 3-50

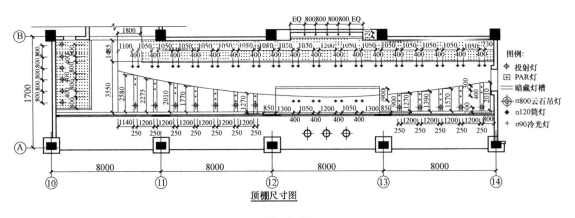

图 3-51

第4章 墙面装饰构造

学习目标：

1. 了解内、外墙面装饰的基本功能，掌握装饰构造中墙面材料的选用，以及抹灰类、涂刷类、贴面类、裱糊类、镶板类、幕墙类墙面的装饰构造。

2. 通过本章的学习，在设计墙面构造时，能根据不同的使用和装饰要求选择相应的材料、构造方法和施工工艺，以达到设计的实用性、经济性、装饰性。

学习重点：

1. 装饰类抹灰、涂刷类饰面、墙纸墙布饰面、玻璃墙面是本章的学习重点。
2. 能根据墙面的使用要求和部位，选择相应的墙面装饰材料和构造方法。

学习建议：

1. 对不同墙面材料的适用范围、构造方法对比加以记忆。
2. 掌握几个重要构造节点的绘制。

墙面装饰包括建筑物外墙饰面和内墙饰面两部分。墙面是室内外空间的侧界面，是表达建筑装饰设计意图的载体。墙面装饰构造处理得当与否直接关系到空间环境的美观效果。不同的墙面有不同的使用和装饰要求，应根据不同的使用和装饰要求选择相应的材料、构造方法和施工工艺，以达到设计的实用性、经济性、装饰性。

4.1 概述

4.1.1 外墙面装饰的基本功能

1. 保护墙体

外墙是建筑物的重要组成部分。在建筑中，有的外墙不但要作为承重构件承担荷载，同时还要根据生产、生活的需要做成围护结构，达到遮风挡雨、保温隔热、防止噪声及保证安全等目的；有的外墙则只兼顾围护作用。外墙面由于直接接触外界，容易受到风、霜、雨、雪的直接侵袭和温度的剧烈变化以及腐蚀性气体和微生物的作用，使墙体耐久性受到严重的影响，因此外墙装饰应根据不同墙体的功能与要求，提高墙体的耐久性，弥补和改善墙体在功能方面的不足，不影响墙体材料功能的正常发挥。

2. 装饰外观

建筑物的外观效果，虽然主要取决于该建筑的体量、形式、比例、尺度、虚实对比等艺术处理手法，但墙面装饰所表现的质感、色彩、线型等也是构成总体效果的重要因素。采用不同的墙面材料有不同的构造，产生不同的使用和装饰效果。

3. 改善墙体的物理性能

墙体饰面构造除具有装饰、保护墙体的作用之外，还能改善墙体的物理性能。一方面墙面经过装饰厚度加大，另一方面饰面层使用了一些有特殊性能的材料，提高了墙体保温、隔热、隔声等功能。如现代建筑中大量采用的吸热和热反射玻璃，能吸收或反射太阳辐射热能的 50% ~ 70%，从而可以大大节约能源，改善室内温度。

4.1.2 内墙面装饰的基本功能

1. 保护墙体

内墙装饰虽然在室内，不会受到风、霜、雨、雪的侵袭，但室内的墙面在人们使用过程中，也会因各种因素受到影响。比如：建筑外墙内表面"热桥"现象；浴室、厕所等处的室内相对湿度比较高，墙面会被溅湿或需用水洗刷，墙体会受潮。所以，室内装饰材料的选用与构造也必须考虑到保护墙体的作用。

2. 保证室内使用条件

室内墙面经过装饰，表面平整、光滑，不仅便于清扫和保持卫生，而且可以增加光线的反射，提高室内照度，保证人们在室内的正常工作和生活需要。

另外，当墙体本身热工性能不能满足使用要求时，可以在墙体内侧结合饰面做保温隔热处理，提高墙体的保温隔热能力。

内墙饰面的另一个重要作用是辅助墙体的声学功能，如反射声波、吸声、隔声等。如影剧院、音乐厅等公共建筑就是通过墙面、顶棚和地面上不同饰面材料所具有的反射声波及吸声的性能，达到控制混响时间、改善音质和使用环境的目的。另外，有一定厚度和质量的饰面层随墙体本身单位重量大小而异，可不同程度地提高隔墙隔声性能，避免声桥现象出现。

3. 美化装饰

建筑的内墙饰面在不同程度上起到装饰美化建筑内部环境的作用，但必须与室内地面、顶棚、家具与陈设等的装饰效果相协调。室内是人们长时间逗留的场所，所以在选择室内墙面装饰材料时要特别注意质感、纹样、图案、色彩和光影对人的生理状况和心理情绪的影响。另外，墙面上的一些特殊部位，如墙裙、窗帘盒、暖气罩、挂镜线等也要纳入整体设计之中，以取得统一效果。

4.1.3 墙面装饰的分类

建筑的墙体饰面类型，按材料和施工方法的不同可分为抹灰类、涂刷类、贴面类、裱糊类、镶板类、幕墙类等。其中裱糊类、镶板类应用于室内墙面；幕墙类应用于室外墙面；其他几类可应用于室内、室外墙面均可。

本章主要介绍几种常用墙体饰面的相关构造问题，未涉及的墙体饰面构造参看相关的规范图集。

4.2 抹灰类饰面装饰构造

抹灰类饰面装饰又称水泥灰浆类饰面、砂浆类饰面，通常选用各种加色的或不加色的水泥砂浆、石灰砂浆、混合砂浆、石膏砂浆、石灰膏以及水泥石渣浆等做成的各种装饰抹灰层。装饰抹灰取材广泛、施工方便、与墙体附着力强，但手工操作居高、湿作业量大、劳动强度高，且耐久性较差。

4.2.1　抹灰类饰面的构造层次及类型

1. 抹灰类饰面的构造层次

抹灰类饰面的基本构造，一般分为底层抹灰、中层抹灰和面层抹灰三层，如图 4-1 所示。

（1）底层抹灰。底层是对墙体基层的表面处理，墙体基层材料的不同，处理的方法亦不相同。

1）砖墙面的底层抹灰。由于砖墙面是用手工砌筑的，一般平整度较差，且灰缝中砂浆的饱满度不一样，墙面凸凹不平，所以在做饰面前，需用水泥砂浆或混合砂浆进行基底处理（亦称刮糙，厚度控制在10mm 左右），基底处理前应先湿润墙面，基底处理后必须浇水养护一段时间。

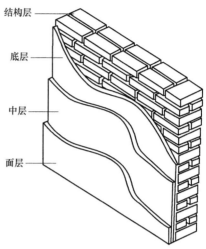

图 4-1　抹灰类墙面构造

2）混凝土墙体的底层抹灰。混凝土墙体用模板浇筑而成，表面较光滑，平整度也比较高，所以在抹灰前应对墙面进行处理。处理方法一般先凿毛、甩浆、划纹、除油或涂抹一层渗透性较好的界面材料，然后再进行底层抹灰。

3）加气混凝土墙体的底层抹灰。加气混凝土墙体表面密度小、孔隙大、吸水性极强，在抹灰时砂浆很容易失水而与墙面无法有效黏结。一般应先在整个墙面上涂刷一层建筑胶，再进行底层抹灰；或者在墙面满钉 0.07mm 细径镀锌钢丝网（网格尺寸约为 32×32），然后进行底层抹灰。

4）砌块填充墙体底层抹灰。对于框架结构填充墙体，一般采用加气混凝土砌块、粉煤灰砌块、矿渣砌块等，需在墙体表面涂刷建筑胶，再进行墙面抹灰。在砌块与框架的梁、柱、板结合处需加镀锌钢丝网，以抵抗其变形的差异，然后再进行墙面抹灰。

5）保温墙体底层抹灰。在我国北方，为提高外围护墙体的保温性能，节约能源，很多地方外围护墙都采用复合墙体。一般外保温多采用聚苯乙烯泡沫塑料板、保温砂浆等保温材料。在抹底灰前应将镀锌钢丝网固定在保温材料的外表面，通过膨胀螺栓、钢钉等将镀锌钢丝网与墙体紧密连接，以稳固保温材料并增强抹灰层的整体性。在保温材料的外表面还应涂刷一层建筑胶，然后进行墙面抹灰，如图 4-2 所示。

底层抹灰的作用是使灰浆与基层墙体黏结并初步找平。外墙底层抹灰一般

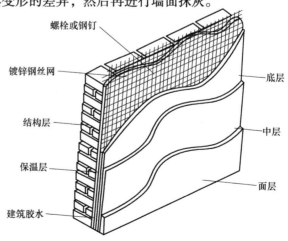

图 4-2　外保温复合墙体构造

多采用水泥砂浆、石灰砂浆、保温砂浆等，内墙底层抹灰多采用混合砂浆、纸筋（麻刀）砂浆、石膏灰、水泥砂浆、保温砂浆等。

（2）中层抹灰。中层抹灰主要起结合和进一步找平的作用，还可以弥补底层抹灰的干缩裂缝。一般来说，中层抹灰所用材料与底层抹灰基本相同。根据墙体平整度与饰面质量要求，中层抹灰可以一次抹成，也可分多次抹成。

（3）面层抹灰。面层抹灰主要起装饰作用，要求表面平整、均匀、无裂缝。

2. 抹灰类饰面的类型

根据所用材料和施工方法的不同，面层抹灰可分为普通抹灰和装饰抹灰。

4.2.2 普通抹灰饰面构造

外墙面普通抹灰由于防水和抗冻要求比较高，一般采用1:2.5或1:3水泥砂浆抹灰，并将表面压光或搓成麻面。大面积的普通抹灰，常常因为材料的干缩或冷缩会出现裂缝；再加上考虑施工接搓的需要，在施工操作时，可将普通抹灰分成若干小块。这种因分块而形成的线型，称之为引条线。引条线既可满足构造上的需要，也可丰富建筑立面。引条线的划分要考虑门窗洞口的位置，四周尽可能拉通。引条线设缝的方式一般采用凹缝，其形式通常有三角形木引线、梯形木引线、半圆形木引线、矩形塑料引线、梯形塑料引线等。引线处的抹灰应处理好，否则很容易引起外墙雨水渗漏，如图4-3所示。

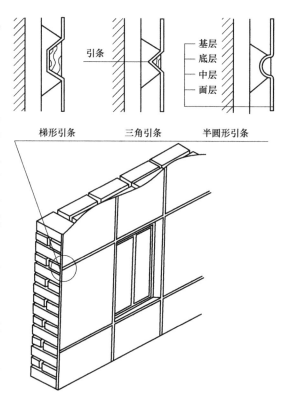

图4-3 外墙面普通抹灰

内墙面普通抹灰一般采用混合砂浆抹灰、水泥砂浆抹灰、纸筋麻刀灰抹灰和石灰膏灰罩面。对于室内有防潮要求的应用水泥砂浆抹灰，室内门窗洞口、内墙阳角、柱子四周等易损部位应用强度较高的1:1水泥砂浆抹出或预埋角钢做成护角，如图4-4所示。内墙面普通抹灰经常采用灰线（也称线脚），灰线有简单灰线和多条灰线，一般用于室内顶棚四周、方圆柱的上端、舞台口及灯光装饰的周围。

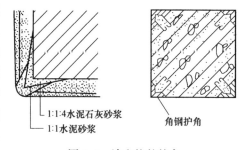

1:1:4水泥石灰砂浆

1:1水泥砂浆

角钢护角

图4-4 墙和柱的护角

4.2.3 装饰抹灰饰面构造

外墙面装饰抹灰是在普通抹灰的基础上，对抹灰表面进行装饰性处理，在施工工艺及质量方面要求更高。外墙面装饰有如下工艺：

1. 拉毛、甩毛（洒毛）、搓毛饰面

饰面材料一般采用普通水泥掺适量石灰膏的素浆或掺入适量砂子的砂浆。拉毛分为大拉毛和小拉毛两种，小拉毛掺入含水泥量5%～12%的石灰膏，大拉毛掺入含水泥量为20%～25%的石灰膏，再掺入适量砂子和纸筋，以防止龟裂。外墙面还有先拉出大毛再用铁抹子压平毛尖的做法。拉毛饰面除水泥拉毛饰面以外，还有油漆拉毛饰面，油漆拉毛即在油漆石膏表面进行拉毛。拉毛饰面时一般使用棕刷、竹丝刷、板刷、滚筒、条刷和笤帚等工具。

甩毛（洒毛）饰面是将面层灰浆用工具甩（洒）在墙面上的一种饰面做法。其构造做法是用1∶3水泥砂浆扩底，表面刷水泥砂浆或色浆中间层，面层厚度一般不超过13mm，然后采用带色的1∶1水泥砂浆，用竹砂浆甩（洒）到带色的中层灰面上，应由上往下，有规律地进行。

搓毛饰面工艺简单，省工艺料。搓毛饰面的底子灰用1∶1∶6水泥石灰砂浆，里面也同样用1∶1∶6水泥石灰浆，然后进行搓毛。

2. 拉条抹灰饰面

拉条抹灰饰面是在普通抹灰面上，利用刻有凸凹形状的专用工具，在抹灰面层上进行上下拉动而形成的。

3. 聚合物水泥砂浆的喷涂、滚涂、弹涂饰面

喷涂饰面是用挤压式喷泵或喷斗将聚合物水泥砂浆喷涂于墙体表面而形成的装饰层。

滚涂饰面是将聚合物水泥砂浆抹在墙体表面，用碌子滚出花纹，再喷罩甲基硅酸钠疏水剂而形成的装饰层。

弹涂饰面是将聚合物水泥砂浆刷在墙体表面，用弹涂器分几遍将不同颜色的聚合物水泥砂浆弹在已涂刷的涂层上，再喷罩甲基硅树脂或聚乙烯醇缩丁醛酒精溶液而形成的装饰层。

4. 假面砖饰面

假面砖饰面是采用掺氧化铁红、氧化铁黄等颜料的彩色水泥砂浆作面层，通过手工操作达到模拟面砖装饰效果的饰面做法。一般采用铁梳子或铁辊滚压刻纹，用铁钩子或铁皮刨子划沟。

5. 假石饰面

斩假石饰面和拉假石饰面均属于假石饰面。斩假石饰面，又称"剁斧石饰面""剁假石饰面"。这种饰面一般是以水泥石渣浆作面层，待凝结硬化具有一定强度后，再用斧子及各种凿子等工具，在面层上剁斩出类似石材经雕琢的纹理效果的一种人造石料装饰方法。其质感分立纹剁斧和花锤剁斧两种。斩假石饰面分层构造作法如图4-5所示。

拉假石饰面是在掺有石英砂的水泥渣浆面层上，待水泥终凝后，用抓耙依着靠尺按同一方向挠刮，除去表面水泥浆露出石渣的饰面做法。由

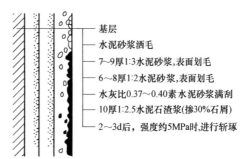

基层
水泥砂浆洒毛
7～9厚1∶3水泥砂浆，表面划毛
6～8厚1∶2水泥砂浆，表面划毛
水灰比0.37～0.40素水泥砂浆满刮
10厚1∶2.5水泥石渣浆（掺30%石屑）
2～3d后，强度约5MPa时，进行斩琢

图4-5 斩假石饰面分层构造示意

于其表面露石渣的比例较小，所以往往在水泥中添加颜料，以增强其色彩效果。

6. 水刷石饰面

水刷石饰面是先将掺有水刷石的石渣浆抹于墙面，待面层刚开始初凝时，先用软毛刷蘸水刷掉面层水泥浆使其露出石粒，接着用喷雾器将四周邻近部位喷湿，然后由上往下喷水，把表面的水泥浆冲掉，使石子外露约为粒径的1/2，再用小水壶由上往下冲洗，将石渣表面冲刷干净。为便于刷去表面的水泥浆，可在面层抹完后喷洒一层缓凝剂，待内部终凝后，表面因为缓凝剂未凝固，即可将水泥冲刷掉，使石子半露。其构造做法如图4-6所示。

7. 干粘石饰面

干粘石饰面在选料时一般用粒径约为4mm的石渣。在使用前，石渣应用水冲洗干净，去掉尘土和粉屑。在黏结砂浆找平后，应立即撒石子。手甩石子的主要工具是拍子和托盘。先甩周围，然后甩中间，要求做到大面均匀，边角不漏黏。待黏结砂浆表面均匀黏满石渣后，再用拍子压平拍实，使石渣埋入黏结砂浆1/2以上。

图4-6 水刷石饰面分层构造

现有一种被称为"喷粘石"的工艺正在被推广应用。喷粘石的主要特点是：用压缩空气带动喷斗喷射石渣代替手甩石渣，从而提高了工效，其装饰效果与手工黏石基本相同。

4.3 涂刷类墙面装饰构造

涂刷类饰面，是指将建筑涂料涂刷于构配件表面而形成牢固的膜层，从而起到保护、装饰墙面作用的一种装饰做法。

涂刷类饰面与其他种类饰面相比，具有工效高、工期短、材料用量少、自重轻、造价低等优点。涂刷类饰面的耐久性略差，但维修、更新很方便，且简单易行。

在刷饰面装饰中，涂料几乎可以配成任何需要的颜色。这是它在装饰效果上的一个优点，也是其他饰面材料所不能及的，它可为建筑设计提供灵活多样的表现手段。由于涂料饰面中涂料所形成的涂层较薄，较为平滑，即使采用厚涂料或拉毛等做法，也只能形成微弱的麻面或小毛面，除可以掩盖基层表面的微小暇疵使其不显外，不能形成凹凸程度较大的粗糙质感表面。涂刷饰面的本身效果是光滑而细腻的，要使涂饰表面有丰富的饰面质感，就必须先在基层表面创造必要的质感条件。可以这样说，外墙涂料的装饰作用主要在于改变墙面色彩，而不在于改善质感。

为了便于理解，参照有关规范的分类方法，将涂刷类饰面分作涂料饰面和刷浆饰面两大类。

4.3.1 涂料饰面

传统的涂料，它是以油料为原料配制而成的。随着装饰涂料材料的不断革新，目前，以合成树脂和乳液为原料的有机涂料，已大大超过油料；以无机硅酸盐和硅溶胶为基料的无机涂料，也已被大量应用。

根据溶解状态的不同，建筑涂料可划分为溶剂型涂料、水溶性涂料、乳液型涂料和粉末涂料等几类。

根据装饰质感的不同，建筑涂料可划分为薄质涂料、厚质涂料和复层涂料等几类。

根据建筑物涂刷部位的不同，建筑涂料可划分为外墙涂料、内墙涂料、地面涂料、顶棚涂料和屋面涂料等几类。

1. 外墙涂料饰面

根据装饰质感的不同，外墙涂料可以划分为薄涂料、厚涂料和复层涂料。

（1）几种常用外墙厚涂料和复层涂料的品种及性能举例，见表4-1。

（2）几种常用外墙薄涂料的品种及性能举例，见表4-2。

表 4-1　几种常用外墙厚涂料和复层涂料的品种及性能

名　　称	主要成分及性能特点	适用范围及施工注意事项
彩砂涂料	主要成分为苯乙烯、丙烯酸酯。该涂料无毒、不燃、耐强光、不褪色，耐水性：500h；耐冻融：50次；耐老化：100h	用于混凝土、水泥砂浆等基层。喷涂施工，本成品严禁受冻，风雨天禁用。最低施工温度：5℃
PG-838 浮雕漆厚涂料	主要成分为丙烯酸酯。具有鲜明的浮雕花纹。耐水性：1500h；耐碱性：1500h；耐冻融性：>30次；耐紫外线：>100h；遮盖力：1～1.1kg/m²	用于水泥砂浆、混凝土、石棉水泥板、砖墙等基层。可用喷涂施工。涂层干燥后再罩一遍面层罩光涂料。施工温度：5℃；表干：30min；实干：24h
各色丙烯酸拉毛涂料	主要成分为苯乙烯、丙烯酸酯。该涂料具有较好的柔韧性和耐污染性，黏结强度高，耐水性：96h；耐碱性：96h；使用寿命8年	适用于水泥砂浆基层或顶棚，滚、弹施工均可。最低施工温度：5℃；表干：30min；实干：24h
JH8501 无机厚涂料	主要成分为硅酸钾。本品无毒、无味、无公害，涂膜强度及黏结强度高，耐候性、耐冻融性好，耐水性：1440h；耐碱性：720h；耐老化：1000h	用于外墙装饰。喷、滚涂均可，应先在基层上喷涂或刷涂封底浆料。最低施工温度：0℃

表 4-2　几种常用外墙薄涂料的品种及性能

名　　称	主要成分及性能特点	适用范围及施工注意事项
SA-1 型乙-丙外墙涂料	主要成分为醋酸乙烯、丙烯酸。本品无毒、无味、耐老化，耐水性：1440h；耐碱性：1172h；耐洗刷：100次；遮盖力：200g/m²	适用于水泥砂浆、混凝土墙面。喷、刷、滚、淋施工均可。两次涂饰施工间隔4h以上。最低施工温度：0℃
865 外墙涂料	主要成分为磷酸铝。本品抗紫外线优良，遮盖力强，耐冻，耐水性：1000h；耐碱性：1000h；人工老化：2000h	适用于外墙。喷、滚、刷施工均可。要求基层平整、干净。最低施工温度：温度：0℃；表干：4h，实干：8h
有机无机复合涂料	主要成分为硅溶胶。本品耐污染，耐水性：100h；耐碱：100h；耐洗刷性：1000次；耐冻融性：50次；人工老化：1000h	适用于内、外墙面饰面。喷、刷施工均可。最低施工温度：2℃

（续）

名　　称	主要成分及性能特点	适用范围及施工注意事项
107 外墙涂料	主要成分为聚乙烯醇。本品属水溶性涂料，无毒无味、耐水、耐碱、耐热、耐污染，遮盖力：<300g/m²	适用于外墙面。最低施工温度：10℃；表干：1h；实干：24h
高级喷磁型外墙涂料	涂料饰面由底、中、面三层复合而成。底、面为防碱底漆（溶剂型）；中层为弹性类涂料。本品装饰质感好，耐酸、耐碱、耐水性良好，耐磨性：500 次；人工老化：250h	适用于混凝土、砂浆、石棉瓦楞板、预制混凝土等墙面。底层涂料：喷涂、滚涂；中层涂料：喷涂、滚涂、刷涂均可；面层涂料：必须在中层涂充分干燥后进行。最低施工温度：5℃

2. 内墙涂料饰面

几种常用内墙、顶棚涂料的品种和性能举例，见表4-3。

3. 特种涂料饰面

几种常用特种涂料的品种及性能举例，见表4-4。

表4-3　几种常用内墙、顶棚涂料的品种和性能

名　　称	主要成分及性能特点	适用范围及施工注意事项
LT-1 有光乳胶涂料	主要成分为苯乙烯、丙烯酸酯。本品无臭、无着火危险，施工性能好，能在潮湿的表面施工，保光性和耐久性较好	用于混凝土、灰泥、木质基面，刷、喷施工均可。使用时严禁掺入油料和有机溶剂。最低施工温度：8℃；相对湿度≤85%
SJ 内墙涂料	主要成分为苯乙烯、丙烯酸酯。耐水性：2000h；耐碱性：1500h；耐刷洗性：>1000 次	适用于内墙面滚花涂饰。要求基层平整度较好，小孔凹凸等应嵌平整
JQ-831、JQ-841 耐擦洗内墙涂料	主要成分为丙烯酸乳液。本品无毒、无味、耐酸、不易燃、保色，耐水性：500h；耐擦洗性：100~250 次	适用于内墙装饰及家具着色。刷、喷施工均可。若涂料太稠可用水稀释，不能与溶剂及溶剂型涂料混合。最低施工温度：5℃
乙-丙内墙涂料	主要成分为醋酸乙烯、丙烯酸脂。本品具有耐久、保色、无毒、不燃、外观细腻等特点	适用内墙面。喷、滚、刷施工均可，可用选举法稀释，一般一遍成活。最低施工温度：15℃；表干：≤30min；实干：<2h
803 内墙涂料	主要成分为聚乙烯醇醛。无毒、无臭、涂膜表面光洁，耐水性：24h；耐刷洗性：100 次；遮盖力：<300g/m²	用于水泥墙面，新、旧石灰墙面。采用刷涂施工，不可加水或其他涂料。最低施工温度：10℃；表干：≤30min；实干：<2h
彩色滚花涂料	主要成分为聚乙烯醇。本品无毒、无味、质感好，类似墙布和塑料壁纸，耐水性：48h；耐碱性：48h；耐擦洗：200 次	可在 106 内墙涂料上进行滚花及弹涂装饰

表 4-4　几种常用特种涂料的品种及性能

名　称	主要成分及性能特点	适用范围及施工注意事项
AAS 隔热防水涂料	主要成分为丙烯酸丁酯、苯乙烯、丙烯腈共聚乳液。本品具有隔热、防水、浅色、降温、装饰效果好、无毒、耐污染等特点，耐水性：360h；耐碱性：360h；耐冻融性：30 次	适用于屋面板、折板、冷库屋顶、外墙等。基层要求坚实、平整、干净，涂料成膜前，防止水淋和大风吹，中午烈日下不宜施工。喷、刷、涂施工均可。最低成膜温度：4℃
铝基反光隔热涂料	本品具有反光、隔热、防水、防腐蚀、耐风雨、防老化等优点	主要用于各种沥青基防水材料组成的屋面防水层、纤维瓦楞板等。基层应干燥、无油斑、无锈迹。本品易燃，施工时应远离火种
JS 内墙耐水涂料	主要成分为聚乙烯醇缩甲醛、苯乙烯、丙烯酸酯等。本品耐擦洗、质感细腻、装饰效果好，适用于潮湿基层施工，耐水性：3600h；耐碱性：72h；耐老化：500h	适用于浴室、厕所、厨房等潮湿部位的内墙。刷涂施工，先应在基层上刮水泥浆或防水腻子
有机硅建筑防水剂	主要成分为甲基硅酸钠。本品透明无色，保护物体色彩不退，具有防水、防潮、防尘、防渗漏、防腐蚀、防风化开裂、防老化等特点	适用于土壁、石墙、文物、浴室、厕所、厨房墙面及顶棚板的罩面。刷、喷施工均可，施工涂后 24h 内防止雨淋。以水为稀释剂
各色丙烯酸过氯乙烯厂房防腐漆	主要成分为丙烯酸树脂、过氯乙烯树脂。本品快干、保色、耐腐蚀、防湿热、防盐雾、防霉	用于厂房内外墙防腐与涂刷装修。喷、刷、滚均可。表干：20min；实干：30min
钢结构防火涂料	主要成分为无机胶蛭石骨料。涂层厚度：2.8cm；耐火极限：3h；涂层厚度 2.0 ~ 2.5cm 时，满足一级耐火等级	适用于钢结构和钢筋混凝土结构的梁柱，墙和楼板的防火阻挡层。采用抹涂或喷涂。最低施工温度：5℃
CT-01-03 微珠防火涂料	主要成分为无机空心微珠。本品防火、隔热、耐高温，耐火度：1200℃，喷火 60min 不燃，耐水性：960h；耐碱性：170h；耐酸性：170h	用于钢木结构、混凝土结构。喷、刷施工均可

4.3.2　刷浆饰面

刷浆饰面，是将水质涂料喷刷在建筑物抹灰层或基体等表面上，用以保护墙体、美化建筑物的装饰层。水质涂料的种类较多，适用于室内刷浆的有石灰浆、大白粉浆、可赛银浆、色粉浆等；适用于室外刷浆工程的有水泥避水色浆、油粉浆、聚合物水泥浆等。

1. 水泥避水色浆饰面

水泥避水色浆，原名"憎水水泥浆"。是在白水泥中掺入消石灰粉、石膏、氯化钙等无机物作为保水和促凝剂，另外还掺入硬脂酸钙作为疏水剂，以减少涂层的吸水性，延缓其被污染的进程。这种涂料的重量配合比是：325[#]白水泥：消石灰粉：氯化钙：石膏：硬脂酸钙 = 100：20：5：（0.5 ~ 1）：1。

根据需要可以适当掺入颜料，但大面积使用时往往不易做匀。这种涂料的涂层强度比石灰浆高，但配制时材料成分太多，量又很少，在施工现场不易掌握。硬脂酸钙如不充分混匀，涂层的疏水效果不明显，耐污染效果就不会显著改进。由于砖墙析出的盐碱较一般砂浆、混凝土基层更多，对涂层的破坏作用也就更大，效果也差，但是比石灰浆要好。

2. 聚合物水泥浆饰面

聚合物水泥浆的主要组成成分为：水泥、高分子材料、分散剂、增水剂和颜料。目前，常用的聚合物水泥浆有两种配比，见表4-5。

表4-5 聚合物水泥浆配合比

白水泥	107胶	乙-顺乳液	聚醋酸乙烯	六偏磷酸钠	木质素磺酸钙	甲基硅醇钠	颜料
100	20			0.1	(0.3)	60	适量
100		20~30	(20)				

注：1. 乙-顺乳液可用聚醋酸乙烯代替（用量如括号）

2. 六偏磷酸钠和木质素磺酸钙均为分散剂，两者选用其一。

聚合物水泥浆比避水色浆的强度高，耐久性也好，施工方便，但其耐久性、耐污染性和装饰效果，都还存在着较大的局限性。在大面积使用时，会产生颜色深浅不匀的现象。墙面基层的盐、碱析出物，很容易在涂层表面析出而影响了装饰效果。因此，这种涂料只适用于一般等级工程的檐口、窗套、凹阳台墙面等水泥砂浆面上的局部装饰。

3. 石灰浆饰面

石灰浆是由熟石灰（消石灰）加水调合而成的。保证这种涂料质量的关键，是使用充分消化而又尚未开始其变化过程的熟石灰。如果将消化不完全的石灰刷上墙，则会因为它的继续消化、膨胀而引起开裂、起鼓和脱落。因此，在调制石灰浆涂料时，必须事先将生石灰块在水中充分浸泡。

用石灰浆涂料粉刷室内墙面是一种传统做法。为提高附着力，防止表面掉粉和减少沉淀现象，有加入少量食盐和明矾的做法。但总地来看，还是易脱落掉粉、易增灰、不耐用。

石灰浆涂料也可用作外墙面的粉刷，比较简单的方法是掺入一定量所需的颜料，混合均匀后即可使用。由于石灰浆本身呈较强的碱性，因此在配制色浆时，必须运用耐碱性好的颜料，如氧化铁黄、氧化铁红及甲级红土子等矿物颜料。

石灰浆涂料耐水性较差，它的涂层表面孔隙率高，很容易吸入带有尘埃的雨水，形成污染，所以用作外墙饰面时，耐久性也较差。

4. 大白粉浆饰面

大白粉浆是以大白粉、胶结料为原料，用水调合和混合均匀而成的涂料。

大白粉浆，简称"大白浆"，以前常用的胶结料是以龙须菜、石花菜等煮熬而得的菜胶及火碱面胶。为了防止大白粉浆干后掉粉，采用菜胶时可另掺入一些动物胶。火碱面胶是将面粉与水调和后加入火碱（即烧碱），利用火碱在水中溶解时释放出的热量，使面粉"熟"化成黏稠的糊状物，再将此糊状物与已用水调和的大白粉混合均匀，即成涂料。目前，多采用107胶或聚醋酸乙烯乳液代替菜胶、面胶作为大白粉浆的胶结料，不仅简化了配制程序，而且在一定程度上提高了大白浆的性能。

大白浆经常需要配成色浆使用，应注意所用的颜料要有好的耐碱性及耐光性。在刷色浆时，要从披腻子开始就加入颜料，腻子至浆料的颜色可由浅至深，最后一遍浆料的颜色应与要求的一致，这样比较容易均匀。

大白浆的盖底能力较高，涂层外观较石灰浆细腻洁白，而且货源充足、价格很低，操作使用和维修更新都比较方便，因此它的应用较为普遍。

5. 可赛银浆饰面

可赛银是以碳酸钙、滑石粉等为填料，以酪素为黏结料，掺入颜料混合而成的粉末状材料，也称"酪素涂料"。使用时，先用温水隔夜将粉末充分浸泡，使酪素充分溶解，然后再用水调至施工稠度即可使用。可赛银浆与大白浆相比较，其优点在于它是在生产过程中经磨细、混合的，有很好的细度和均匀性，特别是颜料也事先混匀，施工时容易取得均匀一致的效果。此外，它与基层的粘结力强，耐碱与耐磨性也较好。

4.3.3　涂刷类饰面的基本构造

涂刷类饰面的涂层构造，一般可以分为三层，即底层、中间层、面层。

1. 底层

底层俗称刷底漆，其主要目的是增加涂层与基层之间的粘附力，同时还可以进一步清理基层表面的灰尘，使一部分悬浮的灰尘颗粒固定于基层。

另外，在许多场合中，底层涂层还兼具基层封闭剂的作用，用以防止木脂、水泥砂浆抹灰层中的可溶性盐等物质渗出表面，造成对涂饰饰面的破坏。

2. 中间层

中间层是整个涂层构造中的成型层。其目的是通过适当的工艺，形成具有一定厚度的、匀实饱满的涂层，通过这一涂层，达到保护基层和形成所需的装饰效果。因此，中间层的质量如何，对于饰面涂层的保护作用和装饰效果的影响很大。中间层的质量好，不仅可以保证涂层的耐久性、耐水性和强度，在某些情况下对基层尚可起到补强的作用。为了增强中间层的作用，近年来往往采用厚涂料，用白水泥、砂粒等材料配制中间造型层的涂料，这一作法，对于提高膜层的耐久性显然也是有利的。

3. 面层

面层的作用是体现涂层的色彩和光感。

从色彩的角度考虑，为了保证色彩均匀，并满足耐久性、耐磨性等方面的要求，面层最低限度应涂刷两遍。从光泽的角度考虑，一般地说油性漆、溶剂型涂料的光泽度普遍比水性涂料、无机涂料的光泽度要高一些。但从漆膜反光的角度分析，却不尽然，因为反光光泽度的大小不仅与所用溶剂的类型有关，还与填料的颗粒大小、基本成膜物质的种类有关。当采用适当的涂料生产工艺、施工工艺时，水性涂料和无机涂料的光泽度可以赶上或超过油性涂料、溶剂型涂料的光泽度。

4.4　贴面类墙面装饰构造

一些天然的或人造的材料具有适合墙体饰面所需的装饰、耐久等特性，但因工艺、造价等方面条件上的限制，不能直接作为墙体饰面或在现场进行制作，而只能根据材质加工成大小不同的块材后，在现场通过构造连接或镶贴于墙体表面，由此而形成的墙饰面称为贴面类饰面。

贴面类饰面的基本构造因工艺形式不同分成两类：一类是直接镶贴饰面，另一类是贴挂类饰面。

4.4.1 直接镶贴饰面基本构造

直接镶贴饰面，构造比较简单，大体上由底层砂浆、黏结层砂浆和块状贴面材料面层组成，底层砂浆具有使饰面与基层之间粘附和找平的双层作用，黏结层砂浆的作用是与底层形成良好的整体，并将贴面材料粘附在墙体上。常见的直接镶贴饰面材料有陶瓷制品，如面砖、瓷砖、陶瓷锦砖等。陶瓷制品是以陶土为原料，压制成型后，经1100℃左右的高温烧制而成的。它具有良好的耐风化、耐酸碱、耐水、耐磨、耐久等性能，可以做成各种美丽的颜色和花纹。

1. 外墙面砖饰面

外墙面砖是仿照传统的清水墙的砖尺度制作的一种陶瓷类贴面材料，适用于各种类型的建筑外墙面装饰。

外墙面砖可划分为四类：①表面无釉外墙面砖，又称墙面砖；②表面有釉墙面砖，又称彩釉砖；③线砖，又称泰山砖，表面有突起绞线；④外墙立体贴面砖，又称立体彩釉砖，表面有各种立体图案。

外墙面砖的常见规格为：200mm×100mm，150mm×75mm，75mm×75mm，108×108mm等几种，厚度6~15mm。

外墙面砖的背部，一般都有断面为燕尾形的凹槽，因为这样可以增强面砖与砂浆之间的结合力，如图4-7所示。

粘贴外墙面砖时，用1:3水泥砂浆作底灰，厚度15mm。贴面砖前，先将表面清扫干净，然后将面砖放入水中浸泡，粘贴前晾干或擦干。黏结砂浆用1:2.5的水泥砂浆或1:0.2:2.5的水泥石灰混合砂浆，稠度必须适中。黏结时，可在面砖黏结面上随粘随刷一道混凝土界面处理剂，以增加黏结，然后将黏结砂浆抹在面砖背后，厚度约6~10mm，对位轻轻敲实。贴完一行后，需将每块面砖上的灰浆刮净。待整块墙面贴完后，用1:1水泥细砂浆做勾缝处理，如图4-8所示。

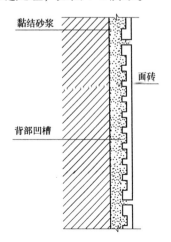

图4-7 面砖的黏结情况

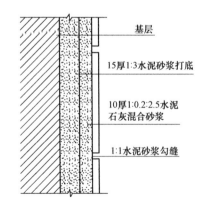

图4-8 外墙面砖饰面构造示意图

对于外墙面砖的铺贴，除了要考虑面砖块面的大小和色彩的搭配外，建筑的层高、转角的形式、门窗的位置都要设计出一个合理的排砖布缝方案，对于面砖的排列布缝，传统的方法是依据清水墙的肌理横排，并留一定宽度的灰缝，且每层砖应错缝，如图4-9所示。但是在大型或高层建筑上，则采用分组留缝的方法。特别是圆弧墙或圆柱，为了转折的方便，面砖改用竖贴的方法，如图4-10所示。

图4-9　面砖布缝

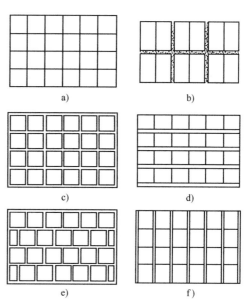

图4-10　面砖的排列和布缝

a) 齐密缝　b) 划块留缝，块内密缝　c) 齐离缝
d) 水平离缝，垂直密缝　e) 错缝离缝
f) 垂直离缝，水平密缝

面砖的排砖布缝设计：

（1）横缝的调整。为了对应窗的高度，排砖时通常要调整窗上部、窗边和窗下部面砖的灰缝宽度，调整幅度一般不要超过2mm。如果采用竖贴面砖，由于数量少，调整灰缝是无济于事的，这时采用的方法是切片处理。另外可将这一皮砖换颜色或换品种，形成彩色腰线。

（2）竖缝的调整。面砖的竖向排列，一般先按照门窗的宽度来算出面砖的数量及灰缝的宽度，尽量将缝与窗边凑齐，实在凑不齐，面砖就居中排，千万不要切片处理。

（3）方柱的处理。由于方柱的断面较小，面砖排列的调整余地很小，唯一的办法是切片处理，一般最好切靠近两个柱边的第二块，切对称两片效果比切一片要好，如图4-11所示。

（4）面砖的节点处理。面砖铺贴的主要部位应注意窗上口、窗台及转角的处理。正规的外墙面砖贴面，除了大面积用的基本面砖外，同时也应备齐各种部位的专用面砖。如图4-12所示的窗上口带有滴水的上口砖和带有坡水的窗台砖。

对于外直角的转角也有对称角砖、非对称角砖、小圆弧角砖和钝角砖等专用面砖（如图4-13a、b、c、d）。若无专用面砖可考虑主视线方向进行压砖处理及倒45°角处理（如图4-13e、g）。对于两种不同的材料在墙的转角部位相接时，通常是整体性饰面或块面大的饰面去压块面小的饰面（如图 4-13f、g）。而对于墙的阴角部位，由于人的视线注意不到，一般没有专用面砖（如图 4-13h、i、j）。

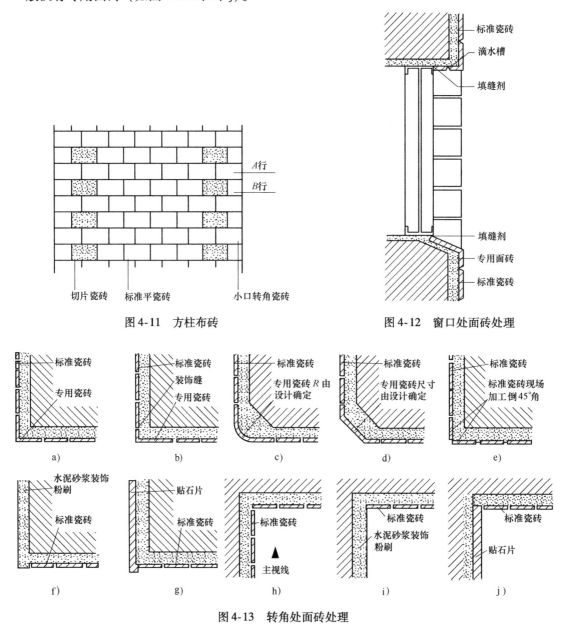

图 4-11　方柱布砖

图 4-12　窗口处面砖处理

图 4-13　转角处面砖处理

2. 釉面砖（瓷砖）饰面

瓷砖因为正面挂釉，所以又称釉面瓷砖，它是用瓷土或优质陶土烧制成的饰面材料。其底胎一般呈白色，表面上釉可以是白色，也可以是其他颜色，还可带有图案。瓷砖颜色稳定、经久不变，其表面光滑、美观、吸水率低，多用于室内需要经常擦洗的墙面，如厨房、卫生间等处。釉面瓷砖装饰示意图如彩图 25 所示。瓷砖的一般规格为：152mm × 152mm、108mm × 108mm、152mm × 75mm、50mm × 50mm 等，厚度 4 ~ 6mm，大瓷片一般为 200mm × 300mm，厚度 6 ~ 8mm。在转角前结束部位，有阳角条、阴角条、压条或带有圆边的构件供选用，还有带图案的腰线供装饰用。

瓷砖饰面的底灰为 12mm 厚，1:3 水泥砂浆。瓷砖粘贴前应浸透阴干待用，粘贴时由下向上逐行进行，一般不留灰缝，细缝用灰或白水泥擦平。

瓷砖的粘贴方法有两种：一种是软贴法，即用 5 ~ 8mm 厚，1:0.1:2.5 的水泥石灰砂浆作结合层粘贴。另一种是硬贴法，即在贴面水泥浆中加入大量建筑胶，一般只需 2 ~ 3mm 厚。

3. 陶瓷锦砖与玻璃锦砖饰面

陶瓷锦砖又名马赛克，是以优质瓷土烧制而成的小块瓷砖。陶瓷锦砖分挂釉和不挂釉两种，有各种各样的颜色，具有色泽稳定、耐污染、面层薄、自重轻的特点，主要用于地面和墙面的装饰。陶瓷锦砖的规格较小，常用的有 18.5mm × 18.5mm、39mm × 39mm、39mm × 18.5mm、25mm 六角形等形状，厚度 5mm。

玻璃锦砖又称玻璃马赛克或玻璃纸皮砖，是由各种颜色玻璃掺入其他原料经高温熔融后，压延制成的小块，并按不同图案贴于皮纸上。它主要用于外墙面，色泽较为丰富，排列的图案可以多种多样。玻璃马赛克如彩图 26 所示。常见的尺寸为 20mm × 20mm × 4mm 和 25mm × 25mm × 4mm 的方块。

陶瓷锦砖和玻璃锦砖的粘贴方法基本相同。用 12mm 厚的 1:3 水泥砂浆打底，用 3mm 厚的 1:1:2 纸筋石灰膏水泥混合灰作粘结层铺贴，待黏结层开始凝固，洗去皮纸，最后用水泥浆擦缝，为避免脱落，一般不宜在冬季施工，如图 4-14 所示。

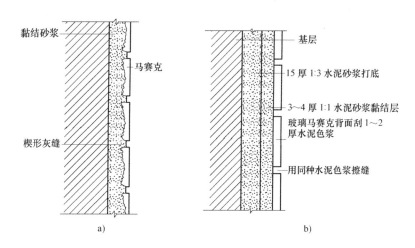

图 4-14 马赛克饰面构造

a）黏结状况 b）构造示意

4. 琉璃饰面

琉璃是我国传统的建筑装饰材料，表面上釉，有金黄、绿、紫、蓝等鲜艳色彩。琉璃构件根据尺度不同，可分为小型、大中型等类。

（1）小型琉璃构件。当琉璃构件长、宽度为 100 ~ 150mm、厚度为 10 ~ 20mm 时，称为小型构件，其可用 1:2 的水泥砂浆等材料黏结。

（2）大、中型琉璃构件。琉璃构件的长、宽度在 300mm 以上的称为大中型琉璃构件。其构造可参照贴挂类饰面构造处理。即将其挂在或套在结构物上，再进行硬性连接，并用结合材料灌实。

4.4.2 贴挂类饰面基本构造

贴挂类饰面，它是采用一定的构造连接措施，以加强饰面块材与基层的连接，与直接镶贴饰面有一定区别。常见的贴挂类饰面材料有天然石材，如花岗石、大理石等；预制块，如预制水磨石板、人造石材等。

1. 天然石材饰面

天然石材是将大理石、花岗石加工成各种板材，而用于室内外墙面的装饰。它们具有强度高、结构致密和色泽雅致等优点。

（1）大理石饰面。大理石是一种变质岩，属于中硬石材。它主要由方解石和白云石组成，其成分以碳酸钙为主，约占50%以上，并含有碳酸镁、氧化钙、氧化锰及二氧化硅等。其颜色有黑、白、灰等各种花纹图案。大理石可锯成薄板，可加工成表面光滑的装饰板材，板的厚度一般为20~30mm。大理石一般用于室内饰面。天然大理石装饰如彩图27 天然大理石装饰示意图所示。

大理石饰面板材的安装方法有：湿法挂贴（贴挂整体法构造）、干挂固定（钩挂件固定构造）等构造方法。

1）湿法挂贴。湿法挂贴首先要在墙体结构中预留钢筋头，或在砌墙时预埋镀锌铁钩。安装时，在铁钩内先下竖向主筋，间距500~1000mm，然后按板材高度在主筋上绑扎横筋，构成钢筋网，钢筋直径为$\phi6~\phi9$mm。板材上端两边钻有小孔，选用钢丝或镀锌铁丝穿孔将大理石板绑扎在横筋上。大理石与墙身之间留30mm缝隙灌浆，如图4-15所示。

湿法挂贴中也有采用木楔固定构造的。其做法是墙面上不安钢筋网，将钢丝的一端连同木楔打入墙身，另一端穿入大理石孔内扎实，并用1:2.5的水泥砂浆灌缝，如图4-16所示。

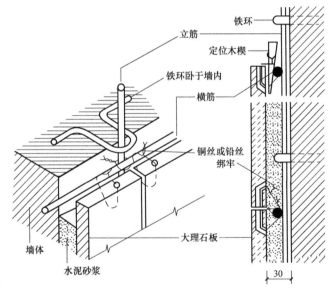

图4-15 大理石挂贴法

2）干挂固定。湿法挂贴的构造需要灌注水泥砂浆等胶粘剂，其逐层浇注过程有时间间隔要求，工效较低；同时湿砂浆能透过石材析出"白碱"，影响建筑美观。所以在一些高级建筑外墙饰面中广泛采用干挂法固定饰面板。所谓干挂法是用不锈钢型材或连接件将板块支托并锚固在墙面上，连接件用膨胀螺栓固定在墙面上，上下两层之间的间距等于板块的高度。板块上的凹槽应在板厚中心线上，且应和连接件的位置相吻合。图4-17为某柱干挂大理石构造平面示意图。

石板的拐角接缝常用对接、分块、有规则、无规则、冰纹等，除了碎拼大理石面以外，

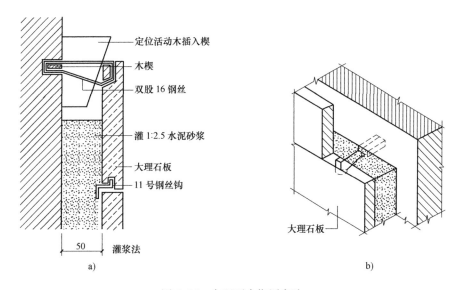

图 4-16　大理石木楔固定法

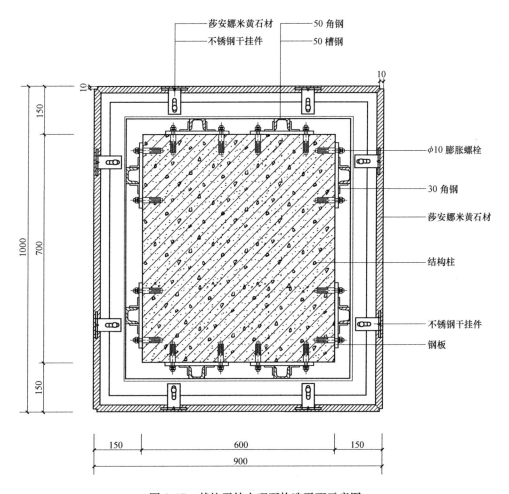

图 4-17　某柱干挂大理石构造平面示意图

一般大理石接缝在 1~2mm 左右。大理石板的阴角、阳角的拼接，如图 4-18 所示。

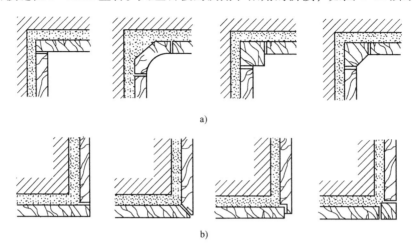

图 4-18 大理石墙面阴阳角的拼接
a）阴角的拼接 b）阳角的拼接

（2）花岗石饰面。花岗石是火成岩中分布最广的岩石，是一种典型的深层岩，由长石、石英和云母等组成，硬度很高。花岗石纹理多呈斑点状，有各种各样的色彩，适用于室内外墙面的装饰。天然花岗石装饰如彩图 28 所示。

根据加工方法及形成的装饰质感不同，可将花岗石饰面板分为四种：

1）剁斧板材。其表面粗糙，具有规则的条状斧纹。

2）机刨板材。其表面平整，具有平行刨纹。

3）粗磨板材。其表面平滑、无光。

4）磨光板材。其表面平整，色泽光亮如镜，晶粒显露。

花岗石饰面板中的剁斧板、机刨板、粗磨板等种类，被称为细琢面花岗石，其板厚一般为 50mm、76mm、100mm。

安装时，板与板之间应通过钢销、扒钉等相连。较厚的情况下，也可采用嵌块、石榫，还可以开口灌铅或用水泥砂浆等加固。板材与墙体一般通过镀锌钢锚固件连接锚固。

磨光花岗石（又称镜面花岗石）饰面板一般厚度为 20~30mm，可采用拼贴法、木楔固定法进行安装。其工艺和工序与前面的大理石饰面板方法相同。

2. 预制板块材饰面

常用的预制板块材料，主要有水磨石、水刷石、斩假石、人造大理石等。它们要经过分块设计、制模型、浇捣制品、表面加工等步骤制成预制板。预制板的面积一般在 $1m^2$ 左右，又有厚型与薄型之分，薄型的厚度为 30~40mm，厚型的厚度为 40~130mm。板内设有配筋，板的背面设有铁件挂钩，块体的上、下两面留有孔槽作铁件固定和上下的接排之用。块材的两个边缘都做成凹线，安装后可使墙面呈现出较宽的分块缝，而块材的实际拼缝宽约 5mm。

预制板块材墙面构造示意图如图 4-19 所示。块材的固定方法同石材饰面构造。

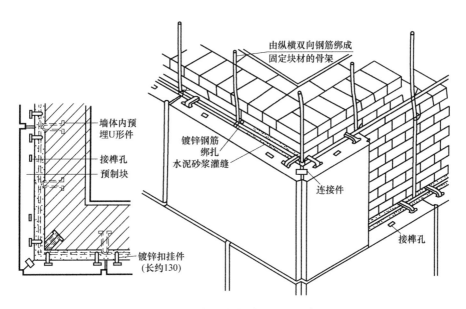

图 4-19　预制板块材墙面构造示意图

4.5　裱糊类墙面

裱糊类墙面是指用墙纸墙布、丝绒锦缎、微薄木等材料，通过裱糊方式覆盖在外表面作为饰面层的墙面。裱糊类装饰一般只用于室内，可以是室内墙面、顶棚或其他构配件表面。它要求基底有一定的平整度。

裱糊类墙面装饰有如下特点：施工方便、装饰效果好、多功能性、维护保养方便、抗变形性能好。

裱糊类墙面材料，通常可分为墙纸墙布饰面、丝绒锦缎饰面、微薄木饰面三大类。

4.5.1　墙纸墙布饰面

1. 墙纸饰面

墙纸的种类较多，主要有普通墙纸、塑料墙纸（PVC 墙纸）、复合纸质墙纸、纺织纤维墙纸、彩色砂粒墙纸、风景墙纸等。墙纸饰面如彩图 29 所示。

其中纸基塑料墙纸是目前应用最广的一种墙纸。它是以纸为基层，先用高分子乳液涂布面层，然后采用印刷方法套单色或多色，最后压花而成的卷材。

用纸作基层易于保持墙纸的透气性，对裱糊胶的材性要求不高。塑料墙纸所用的纸基，一般是由按一定配比的硫酸盐木浆及棉短绒浆，或亚硫酸木浆及磨木浆作原料生产而成的。它具有一定的强度、盖底力与透气性，其纤维组织均匀平整，横幅定量差小，纸质不太紧，受潮湿后强度损失与变形小。

2. 墙布饰面

常见的墙布有：玻璃纤维墙布、无纺墙布等。

（1）玻璃纤维墙布。玻璃纤维墙布是以中碱玻璃纤维作为基材，表面涂以耐磨树脂，经染色、印花等工艺制成的一种墙布。这种饰面材料强度大、韧性好、耐火，可用水擦洗，本身有布纹质感，经套色印花后有较好的装饰效果。其不足之处就是盖底能力较差，当基层颜色深浅不匀时，容易在裱糊面上显现出来；涂层一旦磨损破碎时，有可能散落出少量玻璃纤维，故要注意保养。

（2）无纺墙布。无纺墙布是采用棉、麻等天然纤维或涤纶、腈纶等合成纤维，经过无纺成型、上树脂、印制彩色花纹而成的一种新型高级饰面材料（彩图30）。无纺墙布挺括、富有弹性、不易折断、表面光洁而又有羊绒毛感。这种墙布有一定的透气性和防潮性，能够擦洗且不褪色，其纤维不老化、不散失，对皮肤无刺激作用。

3. 墙纸、墙布裱糊构造

（1）基层处理。墙纸、墙布均应粘贴在具有一定强度，表面平整、光洁、不掉粉的基层上。裱糊前，应先在基层刮腻子，视基层的实际情况采取局部刮腻子、满刮一遍腻子或者多遍腻子，而后用砂纸磨平。同时还应对基层进行封闭处理，以避免基层吸水过快。其处理方法是在基层上满刷一遍 1:0.5~1:1 稀释的 107 胶水。

（2）墙纸、墙布的预处理。在处理的墙面上弹垂直线，根据房间的高度裁纸。

由于塑料墙纸遇水或胶水后，会自由膨胀变形，故裱贴墙纸前，应预先进行胀水处理。胀水时间 2~3s，静置片刻后，刷胶裱糊。但是玻璃纤维墙布和无纺墙布不需胀水处理，可直接裱糊。如预先湿水反而因表面树脂涂层膨胀而使墙布起皱，上墙后难以平伏。

（3）饰面裱糊。裱糊墙纸墙布的关键在裱贴的过程和拼缝技术。裱贴墙纸的粘贴剂通常采用 107 胶水；裱贴玻璃纤维墙布和无纺墙布宜用聚醋酸乙烯乳液作为粘贴剂。裱贴墙布时，如基层表面颜色较深时，应在粘贴剂中掺入质量系数为 10% 的白色涂料。

墙纸墙布构造层次示意如图 4-20 所示。

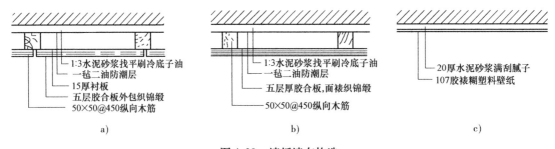

a)　　　　　　　　　　　b)　　　　　　　　　　　c)

图 4-20　墙纸墙布构造

a）分块式织锦缎　b）锦缎　c）塑料墙纸或墙布

4.5.2　丝绒锦缎饰面

丝绒和锦缎墙布是一种高级墙面装饰材料，其特点是绚丽多彩、古雅精致、质感温暖、色泽自然逼真，但这类材料较柔软、易变形、不耐脏、不易擦洗，而且价格昂贵，在潮湿的环境中还会霉变，作为内墙饰面材料不是太理想。

由于丝绒锦缎饰面的防潮、防腐要求较高，故在基层处理中必须注重防潮。一般做法是：在墙面基层上用水泥砂浆找平后刷冷底子油，再做一毡二油防潮层。然后立木龙骨，木龙骨断面为 50mm×50mm，骨架纵横双向间距为 450mm，胶合板直接钉在木龙骨上，最后在胶合板上用 107 胶、墙纸胶等裱贴丝绒、锦缎。

4.5.3　微薄木饰面

微薄木是由天然名贵木材经机械旋切加工而成的薄木片，厚度只有1mm。它具有护壁板的效果，而只有墙纸的价格，并且厚薄均匀、木纹清晰、材质优良，保持了天然木材的真实质感。其表面可以着色，涂刷各种油漆，也可模仿木制品的涂饰工艺，做成清漆或腊面等，微薄木的这一特色使得它更易为人们所接受。目前，国内供应的微薄木一般规格尺寸为：2100mm×1350mm×(0.2~0.5)mm。

微薄木饰面构造与裱贴墙纸相似。

微薄木在粘贴前应用清水喷洒，然后晾至九成干，待受潮卷曲的微薄木基本展开后方可粘贴。微薄木要在绝对平整的墙面上粘贴，墙面上如有鼓包则不能贴，通常在基层上以化学浆糊加老粉调成腻子，满刮两遍，干后用砂纸打磨平整，满涂清油一道。然后在微薄木背面和基层表面同时均匀涂刷胶液（聚醋酸乙烯乳液:107胶=70:30），不宜有漏胶的部位。当被粘贴表面胶液呈半干状态时，即可开始粘贴。接缝处采用衔接拼缝，之后立即用电熨斗熨平，直至墙面胶水随蒸气渗入木质纤维后才会牢固。微薄木粘贴完成后，按木材饰面的常规或设计要求，进行漆饰处理。但无论采用何种漆饰工艺，都必须尽可能地将木材纹理显露出来。

4.6　镶板类墙面装饰构造

镶板类墙面，是指用竹、木及其制品，或石膏板、矿棉板、塑料板、人造革、有机玻璃等材料制成的各类饰面板，利用墙体或结构主体上固定的龙骨骨架形成结构层，通过镶、钉、拼、贴等构造手法构成的墙面饰面。这些材料往往有较好的接触感和可加工性，所以大量地被建筑装饰所采用。

4.6.1　竹、木及其制品饰面

竹、木及其制品可用于室内墙面饰面，经常被用作护壁或其他有特殊要求的部位。有的纹理色泽丰富、手感好，如实木板、胶合板，用于人们常接触的部位；有的表面粗糙、质感强，如甘蔗糖板等具有一定的吸声性能；有的光洁、坚硬、组织细密，具有一定的意义、独特的风格和浓郁的地方色彩，如竹质饰面，能使人产生与大自然有关的遐想。竹木饰面如彩图31所示。

竹、木及其制品饰面构造方法基本相似，本节重点介绍木条、竹条板饰面构造，其制品饰面构造可参照木、竹条板饰面的构造。

1. 木、竹条板饰面一般构造

用木条、木板制品做墙体饰面，可做成木护墙或木墙裙（1~1.8m）或一直到顶。

（1）预埋防腐木砖，固定木骨架。墙体内预埋木针或木砖，以便固定木骨架。对未预埋木砖的墙体，可采用冲击钻打孔，置入锥形木楔（或尼龙胀管）的办法。骨架与墙面的固定方法如图4-21所示。

墙面抹底灰，刷热沥青或铺油毡防潮，然后钉双向木墙筋，中距400~600mm（视面板规格而定），木筋断面（20~45）mm×（40~45）mm。

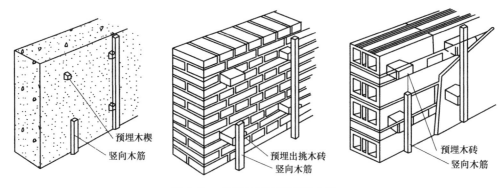

图 4-21　骨架与墙面的固定方法

（2）骨架层技术处理。为了防止墙体的潮气使面板变形，应采取防潮构造措施。做法是先将墙面以防潮砂浆抹灰，干燥后刷一遍冷底子油，然后贴上油毡防潮层，必要时在墙板上、下留透气孔通风，以保证墙筋及面板干燥；也可以通过埋在墙体内木砖的出挑，使面板、木筋和墙面之间离开一段距离，避免墙体潮气对面板的影响。

（3）面板固定。将木面板用钉子钉在木骨架上，也可以胶粘加钉接，或用螺钉直接固定。

竹条一般选用均匀的竹材，直径 20mm 左右，整圆或半圆固定在木框上，再镶嵌在墙面上，大直径的竹材可剖成竹片，将竹青做面层。木条、竹条饰面构造如图 4-22 所示。

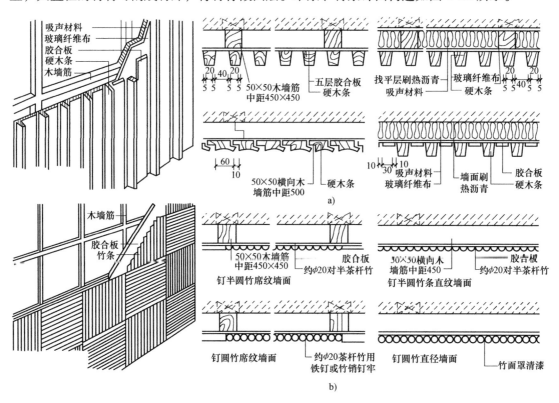

图 4-22　木条、竹条饰面构造
a) 木条墙面　b) 竹条墙面

2. 木、竹条板饰面细部构造处理

以木护墙、木墙裙为例，来说明木、竹条板饰面细部构造。

（1）板与板的拼接，按拼缝的处理方法，可分为平缝、高低缝、压条、密缝、离缝等方式，如图4-23所示为平缝的密封处理方式。

（2）踢脚板的处理也是多种多样的，主要有外凸式与内凹式两种处理。当护墙板与墙之间距离较大时，一般宜采用内凹式处理，而且踢脚板与地面之间宜平接，如图4-24所示。

（3）在护墙板与顶棚交接处的收口，以及木墙裙的上端，一般宜作压顶或压条处理，具体构造如图4-25所示。

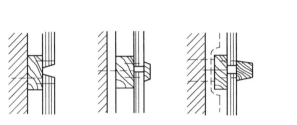

图4-23　平缝的密封处理方式

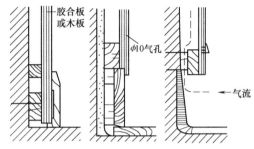

图4-24　踢脚构造

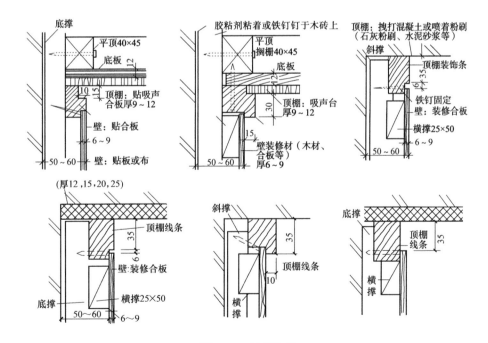

图4-25　压顶处理

（4）阴角和阳角的拐角处理，可采用对接、斜口对接、企口对接、填块等方法，如图4-26所示。

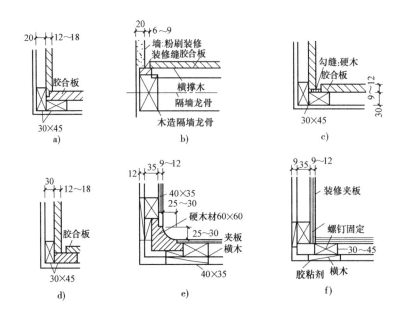

图 4-26 阴阳角的构造处理

4.6.2 石膏板、矿棉板、水泥刨花板

石膏板是由建筑石膏加入纤维填充料、胶粘剂、缓凝剂、发泡剂等材料，两面用纸板辊成的板状装饰材料。它具有防火、隔声、隔热、质轻、强度高、收缩小、可钉、可锯、可刨、可黏结、防虫害、取材容易、生产简单、施工方便等特点，可广泛用于室内墙面和顶棚装饰工程。石膏板能以干作业代替湿作业抹灰，提高工效。石膏板墙面的安装，有用钉固定和胶粘剂粘贴两种方法。

用钉固定的方法是：先立墙筋，然后在墙筋的一面或双面钉石膏板。墙筋用木材或金属制作。木墙筋断面为 50mm × 50mm（单面钉板）和 50mm × 80 ~ 100mm（双面钉板），中距为 400mm。金属墙筋用于防火要求较高的墙面，可用铝合金或槽钢（45mm × 75mm × 1.2mm）制作。采用木墙筋时，石膏板可直接用钉或螺钉固定，如图 4-27 所示。采用金属墙筋时，则应先在石膏板和墙筋上钻孔，然后用自攻螺钉拧上，如彩图 32 金属墙筋石膏板墙面示意图所示。

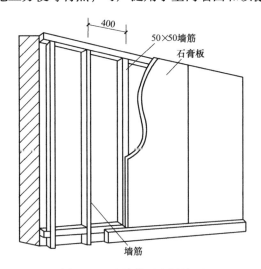

图 4-27 木墙筋石膏板墙面

粘贴法是将石膏板直接粘贴在墙面上。粘贴方法有筑标块、筑胶结料、贴板、压实、过尺平整等工序。石膏板安装完成后，表面可油漆、喷刷各种涂料，也可裱糊墙纸。

矿棉板具有吸声、隔热作用，表面可做成各种色彩与图案，其构造与石膏板相同。

水泥刨花板是由水泥、刨花、木屑、石灰浆、水玻璃以及少量聚乙烯酸，经搅拌、冷压、养护而成的板材。它可以钉、锯、刨，并且具有膨胀率小、耐水、防蛀、防火及强度好等性能特点。水泥刨花板的表面，既可以涂刷、印花，又可以作隔墙和顶棚。

4.6.3 皮革及人造革饰面

皮革或人造革墙饰面，具有质地柔软、保温性能好、能消声减振、易于清洁等特点，因此，健身房、练功房、练习室、幼儿园等要求防止碰撞的房间的凸出墙面或柱面，咖啡厅、酒吧、餐厅等公共场合的墙裙，录音棚、影剧院或电话亭等有一定消声要求的墙面经常采用皮革或人造革软包饰面（彩图 33）。

皮革或人造革饰面构造与木护墙的构造方法相似，墙面应先进行防潮处理，先抹防潮砂浆，粘贴油毡，然后再通过预埋木砖立墙筋，钉胶合板衬底，墙筋间距按皮革面分块，用钉子将皮革按设计要求固定在木筋上。皮革里面可衬泡沫塑料做成硬底，或衬棕丝、玻璃棉、矿棉等柔软材料做成软底。铺贴固定皮革的方法有两种，一是采用暗钉口将其钉在墙筋上，最后用电化铝帽头钉按划分的分格尺寸在每一分块的四角钉入即可；二是小木装饰线条沿分格线位置固定，或者先用小木条固定，再在小木条表面包裹不锈钢之类的金属装饰线条。皮革或人造革饰面构造如图 4-28 所示。

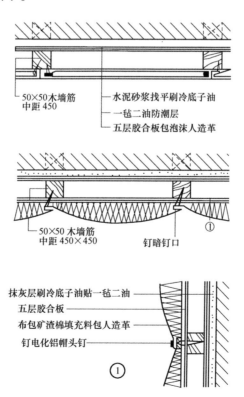

图 4-28 皮革或人造革饰面构造

无吸声层软包墙面的施工工艺流程为：墙内预留防腐木砖、抹灰、涂防潮层、钉木龙骨、墙面软包，其基本构造如图4-29、图4-30所示。

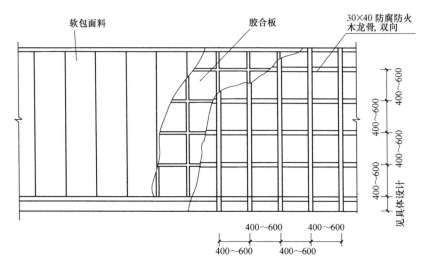

图4-29 无吸声层软包墙面构造图（立面）

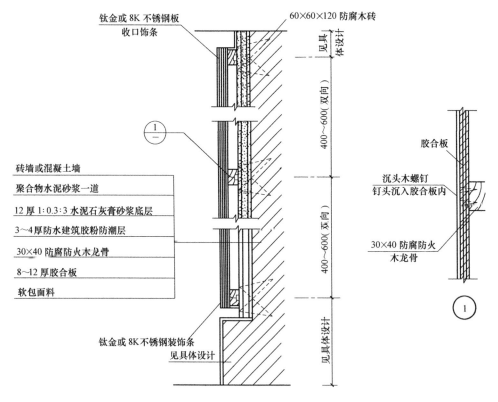

图4-30 无吸声层软包墙面构造图（剖面）

4.6.4 玻璃墙面

玻璃墙面是选用普通平板玻璃或特制的彩色玻璃、压花玻璃、磨砂玻璃等作墙面。平板玻璃可以在背面进行喷漆，形成不透明的彩色效果。玻璃墙面光滑易清洁，用于室内可以起到活跃气氛、扩大空间等作用；用于室外可结合不锈钢、铝合金等作门头等处的装饰，但不宜设于较低的部位，以免受碰撞而破碎。

玻璃墙饰面的构造方法是：首先在墙基层上设置一层隔汽防潮层，按采用的玻璃尺寸立木筋，纵横成框格，木筋上做好材板。固定的方法有两种：一种是在玻璃上钻孔，用螺钉直接钉在木筋上；另一种是用嵌钉或盖缝条将玻璃卡住，盖缝条可选用硬木、塑料、金属（如不锈钢、铜、铝合金）等材料，其构造方法如图4-31所示。

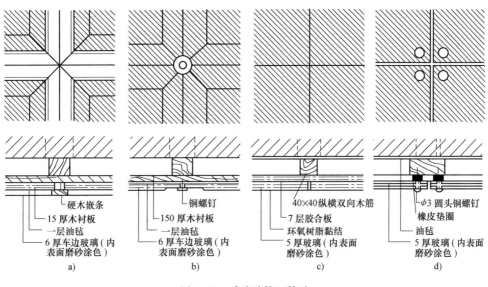

图4-31 玻璃墙饰面构造
a）嵌条 b）嵌钉 c）粘贴 d）螺钉

本 章 小 结

墙面装饰的基本功能是保护墙体、改善墙体的物理性能和美化装饰。墙体饰面的类型按材料和施工方法的不同可分为抹灰类、涂刷类、贴面类、裱糊类、镶板类、幕墙类等。其中裱糊类、镶板类应用于室内墙面，幕墙类应用于室外墙面，其他几乎均可应用于室内、室外墙面。

抹灰类饰面的基本构造一般可分为底层抹灰、中层抹灰和面层抹灰。水刷石饰面在外墙面装饰中经常可遇到。涂料类饰面广泛用于内墙和外墙的装饰，其优点是几乎可以配成任何需要的颜色。贴面类墙面装饰中，直接镶贴饰面由底层砂浆、黏结层和块状贴面材料面层组成。墙纸墙布裱糊装饰墙面包括基层处理、墙纸墙布的预处理和饰面裱糊等环节。竹木饰面常用于墙裙的装饰，其构造主要由骨架及面层组成，并要注意防潮处理。

思考题与习题

1. 外墙饰面和内墙饰面的基本功能有哪些？

2. 墙面抹灰通常由哪几层组成？它们的作用各是什么？

3. 抹灰类饰面分为几种？各种饰面包括哪些做法？

4. 简要说明大理石墙面"挂贴法"做法。

5. 裱糊类墙面有哪些特点？

实 训 环 节

参观装饰施工现场，收集不同墙体饰面的装饰图样，比较各种墙面装饰效果、材料特性、构造工艺差异性及各种墙面的使用范围。

第5章 幕墙装饰构造

学习目标：

1. 掌握幕墙装饰构造中幕墙材料的选用，玻璃幕墙中框架式和点式支撑幕墙、全玻璃幕墙的构造工艺的不同，石材幕墙的基层和面层的连接形式的特点，金属幕墙的骨架材料的选用。

2. 熟悉玻璃与石材幕墙的验收规范，熟悉幕墙的细部构造和节点的处理，并能够在实际工程中对不同施工部位进行细部节点构造的绘制。

3. 了解现行幕墙构造的设计要求，施工中材料的检验标准对应的规范。

4. 通过本章系统的学习，解决实际幕墙施工中的构造问题，并加以应用。

学习重点：

1. 幕墙材料的类型，材料的检验标准。

2. 玻璃幕墙、金属与石材幕墙的工艺和构造特点。

3. 幕墙的细部和节点的构造。

学习建议：

1. 对不同幕墙的构造方法进行对比学习。

2. 对构造节点进行绘制，并能对照不同知识点对周围的幕墙实例进行应用。

5.1 概述

建筑幕墙是以装饰板材为基准面，内部框架体系为支撑，通过一定的连接件和紧固件结合而成的建筑物外墙的一种新形式。建筑幕墙一般由支撑结构体系和面层板组成，可以相对主体结构有一定位移能力，不分担主体结构所受的作用，它主要属于外墙装修的一种构造形式，在内墙装饰中应用也较为广泛。由于其装饰效果好、质量轻、安装速度快、利于装配，因此在现代化大型和高层建筑中得到广泛采用。除了装饰要求外，建筑幕墙也要满足现行的结构构造的要求。

5.1.1 建筑幕墙的作用

建筑幕墙作为近几年来一种新型的墙体结构形式，越来越多地得到了应用。幕墙根据其主体结构依托的不同、面层材料的不同，主要有以下作用：

（1）幕墙用作外立面，主要起装饰和围护作用。装饰性幕墙是指设置在建筑物墙体外起装饰作用的幕墙，例如石材幕墙。而直接作用于外围空间的幕墙主要起围护作用，例如玻璃幕墙中的全隐和点支撑构造等。

（2）幕墙作为内墙饰面，主要起装饰和分隔作用，如室内花岗石墙面、铝板墙面等。

（3）幕墙构造用于中空屋顶、外挑篷檐廊等起延展和采光作用。

5.1.2　建筑幕墙的特点

建筑幕墙不同于其他墙体，它具有以下的特点：①它是由面板和支承结构体系组成的完整的结构系统；②它在自身平面内可以承受较大的变形或者相对于主体结构可以有足够的位移能力；③它是不分担主体结构所受的荷载和作用的外围护结构。

幕墙通常由面板（玻璃、铝板、石材、陶瓷板等）和后面的支承结构（铝横梁立柱、钢结构、玻璃肋，驳爪组件，张拉杆件等）组成。这个外墙系统支承在主体结构上，通常包封主体结构。由于面板之间有宽缝，面板与横梁立柱的连接有活动能力，所以幕墙在平面内可以承受 1/100 的大变形。幕墙如果采用螺栓、摇臂、弹簧机构与主体结构连接，则可以在两者之间产生大的相对位移，甚至当主体结构侧移达到 1/60 时，幕墙也不会被破坏。

5.1.3　建筑幕墙的分类

（1）建筑幕墙按照所用面层材料可以分为：玻璃幕墙、金属幕墙、石材幕墙、人造板幕墙、组合幕墙等。

如彩图 34 所示为武汉市青少年宫的组合幕墙构造：整个外围主体由红色铝板和灰色铝板幕墙、隐框玻璃幕墙、花岗石幕墙等组合而成。

（2）建筑幕墙按照立面结构形式可分为：明框玻璃幕墙、隐框玻璃幕墙、半隐框玻璃幕墙（竖显横隐幕墙、竖隐横显幕墙）、全玻璃幕墙、点支撑式幕墙等。

5.1.4　建筑幕墙的术语

（1）硅酮结构密封胶。幕墙中板材和金属骨架、板材与板材、板材与玻璃类结构用硅酮黏结材料。

（2）硅酮建筑密封胶。幕墙嵌缝用硅酮密封材料，又称硅酮耐候胶。

（3）双面胶带。幕墙中用于控制结构胶位置和截面尺寸的双面涂胶的聚胺基甲酸乙脂或聚乙烯低泡材料（俗称泡沫胶条）。

（4）双金属腐蚀。由不同的金属或其他电子导体作为电极而形成的电偶腐蚀，也被称为电化学反应。例如金属框架和在其上面固定的不锈钢螺栓、镀锌衬垫和锚栓等。

（5）相容性。黏结密封材料之间或黏结密封材料与其他材料之间相互接触时，相互不产生有害物理、化学反应的能力。

（6）幕墙的三性试验。在幕墙构造中必须在幕墙成批施工前进行的幕墙的风压变形性能、雨水渗透性能、空气渗透性能的三种性能的检测试验。

5.2　幕墙的组成材料及检验

幕墙的组成材料按照由外到内的构造形式有：框架材料、连接件材料、胶缝材料、饰面板材料等几大类。面层材料又可分为玻璃类、石材类、金属板类、人造板材类等。石材又可根据来源的不同分为天然石材和人造石材。

为了便于系统的学习，一般根据支撑结构体系的三大层次来划分。概括为面层材料、框架材料、密封材料、连接紧固材料等四大类。

5.2.1　幕墙的主要材料种类

1. 面层材料

面层材料由于种类较多，这里主要介绍玻璃、铝板、石材等常用的三种。

（1）玻璃。现行幕墙构造中应用最多的是钢化玻璃和热反射玻璃、吸热玻璃、镀膜玻璃、夹层玻璃、双层中空玻璃、夹丝玻璃等。

每种玻璃根据其不同特性应用在不同的幕墙构造中。热反射玻璃、吸热玻璃、双层中空玻璃为节能型玻璃。钢化玻璃、夹层玻璃和夹丝玻璃统称为安全玻璃。建筑用幕墙的玻璃必须用安全玻璃。

1）热反射玻璃。热反射玻璃是在普通玻璃的表面覆盖了一层具有反射热光源金属氧化膜，因而从光线较亮的一边向灰暗的一面看时，有类似于镜子的映象效果，俗语又称为镜面玻璃。而在灰暗的一侧向光亮一侧看时，又有透视的效果。其基本作用一是反射太阳辐射热，二是具有单向透视和单向晶镜面效果。安装过程中，镀膜面通常应朝向室内。

2）吸热玻璃。吸热玻璃是在玻璃毛片加工时。加入了极其微量的金属氧化物，使之具有吸热功能。加入的金属氧化物不同，颜色也各不相同，常见的有浅蓝色、浅灰色、青铜色、古铜色、金色和蓝绿色等。由于吸热玻璃吸收了太阳光中的部分热量，使进入室内的热能减少，因而起到节能作用，并且可以使室内光线变得较为柔和，装饰效果较好。

3）双层中空玻璃。双层中空玻璃为两层玻璃间通过充入一定的惰性气体，周边用密封胶密封而成的玻璃构造。因而减少了玻璃两侧的温度差的传导，减少了玻璃的结露现象，运用较为广泛。

4）安全玻璃。由于其特殊的安全性能，因此在幕墙的高层建筑构造中应用较为广泛，主要有夹胶玻璃、夹丝玻璃、钢化玻璃。

（2）铝板。铝板由于其耐久性较好，被广泛应用于幕墙的饰面层中。现在市场常用的有单面铝板、复合铝板、蜂窝铝板等三种。在设计构造中，我们应根据每种铝板的不同特点分别选用。

1）单面铝板。也称为纯铝板，其厚度大约为 2.5 ~ 4mm，背面用铝带做加强肋。铝板的表面采用阳极氧化膜或氟碳树脂喷涂而成。

2）复合铝板。有双层复合铝板和单层复合铝板两类。双层复合铝板也称为双面铝板，中间夹层用 2 ~ 7mm 的 PVC 或其他化学产物制成，铝板表面有很薄的氟化碳涂罩面漆。单层复合铝板也称为铝塑板。

3）蜂窝复合铝板。这种铝板是由两块厚为 0.8 ~ 1.2mm 和 1.2 ~ 1.8mm 的铝板夹住不同材料组成的复合铝板材料。常用的夹层材料有：铝箔巢芯、玻璃钢巢芯等。其总厚度为 10 ~ 25mm。由于其强度高、隔声性能优于其他面饰板，所以对特殊要求的幕墙构造应用较好。但是其成本较高、加工较为困难、防水性能较差，因而要按照设计要求合理选用。

（3）石材、人造石等。常用的天然石材有大理石和花岗石两种。大理石和花岗石由于其化学结构和物理性能有较大区别，因而要慎重选取。大理石的耐风化性能较差，耐候性较差，一般较少应用于外幕墙结构中。天然石材的主要成分为二氧化硅，是酸性石材，由于其良好的耐候性和耐酸性，应用于外幕墙中较为广泛。但是天然石材的自重较大，因而在高层建筑外幕墙构造中应合理使用。

随着建筑装饰材料的不断创新，人造石材由于其沿袭了天然石材的物理性能和化学性能，并且克服了天然石材自重大的缺点，正在被不断推广。

2. 框架材料

框架材料目前市场上较为常用的有型钢、铝型材、不锈钢型材三大类。

（1）型钢。常用的型钢材质有普通碳素结构钢，其断面形式有角钢、槽钢、空腹方刚等。型钢按照设计的构造组成幕墙的钢骨架体系，再通过配件与面板连接，常用于石材幕墙、全玻璃幕墙外雨篷等处。

（2）铝型材。铝型材根据构造部位的分布，主要分为立柱（也称为竖杆）、横梁（也称为横杆）、副框料等，主要用于玻璃幕墙中的有框体系中以及铝板幕墙的骨架中。

铝型材的价格要比同等的钢结构高，但是由于其质量轻、良好的加工性、安装方便、配件型号多样，被广泛使用。铝型材的规格一般以立柱断面的高度确定。常用的有115mm、130mm、140mm、150mm、155mm、160mm、180mm等系列。在构造设计时要合理选用不同规格的铝型材系列，如图5-1所示。

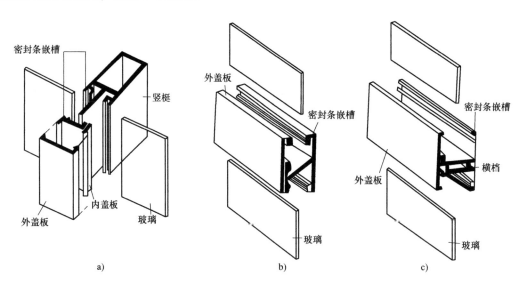

图5-1 玻璃幕墙铝框型材断面示例
a）立柱 b）横梁一 c）横梁二

（3）不锈钢型材。不锈钢型材一般运用较多的是不锈钢薄板压制而成的框架和竖框体系。由于其价格昂贵，型材规格较少，不宜用于大规模的幕墙制作中。但是由于不锈钢的物理特性、耐久性好、装饰性较强，也在外幕墙的局部装饰中应用。

3. 密封材料

密封材料是用于幕墙面板安装，板块与板块之间的细部缝隙处理的材料统称。根据其应用的部位不同和作用的不同一般分为填充材料、硅酮类密封材料、其他密封材料三大类。

（1）填充类材料。填充材料根据作用分为两类：一是主要应用于框架的凹槽内，起到填充缝隙和定位作用的。现行的密封胶条为橡胶类，依靠其自身的弹性在槽内起密封作用。胶条要具有耐紫外线、耐老化、永久变形小、耐污染等特性；二是为了起到防火作用的防火填充材料。前者主要有聚乙烯泡沫胶条、聚苯乙烯泡沫胶条和氯丁二乙烯胶条等，以圆柱状居多。后者为玻璃棉毡、玻璃岩棉等。如图5-2的玻璃幕墙构造中，楼板和面板之间的水平填充为防火玻璃岩棉、凹槽内为氯丁橡胶条。

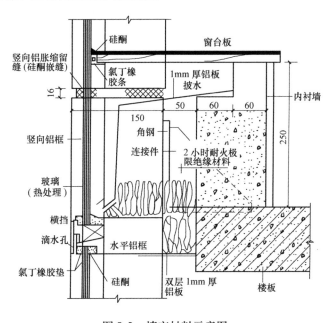

图5-2 填充材料示意图

（2）硅酮密封类材料。建筑幕墙的硅酮密封材料主要有硅酮结构密封胶和硅酮耐候密封胶两大类。

前者硅酮结构密封胶由于其较强的受力性、延展性和黏结性能，因此广泛用于幕墙结构的受力部位，它是关系到幕墙安全的关键性材料，因而是幕墙接缝中最重要的一类胶缝。这类胶缝主要使用部位为：隐框玻璃幕墙、半隐框玻璃幕墙和明框式玻璃幕墙的隐框开启窗的玻璃与铝合金框的连接部位；全玻幕墙玻璃面板与玻璃肋之间的连接部位；倒挂玻璃顶的玻璃与框架的连接部位。金属与石材幕墙也可以采用，但应用范围较小。

后者耐候胶主要用于各种面板之间的接缝和勾缝处理，也用于幕墙面板与装饰面、结构面与金属框架之间的密封。它与结构胶有相似之处，但硅酮耐候胶的耐大气变化性能、耐紫外线、耐老化性能强于硅酮结构胶，所以两者不能相互替换使用。

（3）其他密封材料。其他类密封材料有防火密封胶、干挂石材密封胶、中空玻璃密封胶等。防火密封胶主要用于楼面和墙面的防火隔离层的接缝处理。干挂石材密封胶主要用于石材和金属挂件的连接。

中空玻璃密封胶用于中空玻璃块面的四周封边。

4. 连接紧固材料

连接紧固材料主要是指幕墙构造中连接主体与框架、框架与面板、骨架与骨架之间的各类不同规格的配件。连接件的构造型号、规格尺寸要符合幕墙设计的要求，一般分为幕墙紧固件和幕墙连接件两类。

（1）幕墙紧固件名为螺栓、拉铆钉等。螺栓类材料一般是通过连接件将幕墙骨架固定在主体结构上，或将主骨架与次骨架通过连接件连接的一种形式。

（2）幕墙连接件多以角钢、槽钢、钢板、不锈钢配件加工而成的各类型号的连接材料为主。根据施工先后顺序有预埋件和后置埋件、连接组件等，近几年的组件有不同型号驳爪配件，不同规格拉杆索件等，如图 5-3 所示为几种基本后置和预埋件的构造图例。如彩图 35 所示为实际装饰施工时的预埋件构造。如彩图 36 所示为槽钢通过 L 型转接件与埋件的连接构造。

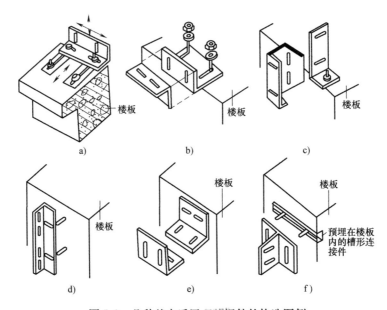

图 5-3　几种基本后置和预埋件的构造图例

5.2.2　幕墙的材料检验标准

在幕墙的材料选用后，在构造设计实施前，应对幕墙材料的质量验收规范有所了解，并一并考虑到构造里，必须保证所用的幕墙材料符合设计规范要求，且必须符合幕墙施工中的技术规范要求，尤其是幕墙的密封材料和连接件等强度的要求是否符合规范要求，因为它是涉及安全的因素。

与此对应的验收规范有：《建筑幕墙》（GB/T 21086—2007）、《玻璃幕墙工程技术规范》（JGJ 102—2003）、《金属与石材幕墙工程技术规范》（JGJ 133—2001）、《玻璃幕墙工程质量检验标准》（JJG/T 139—2001）、《钢结构工程施工质量验收规范》（GB 50205—2001）。

在系统学习本章内容的同时，还要学会正确应用相应规范里的知识，正确判别构造的合理性。

《玻璃幕墙工程技术规范》里对有关构造的要求有：

（1）隐框和半隐框玻璃幕墙其玻璃和铝型材的黏结必须采用中性硅酮结构密封胶；全玻璃幕墙和点支撑幕墙采用镀膜玻璃时，不应选用酸性硅酮结构密封胶。

（2）全玻璃幕墙的板面不得与其他刚性材料直接接触，必须为弹性连接。

（3）密封胶必须试验合格。

《金属与石材幕墙工程技术规范》里对有关构造的要求有：

（1）同一幕墙工程构造设计中，应采用同一品牌的单组分或双组分硅酮结构密封胶，且是合格产品。

（2）金属与石材幕墙和主体结构相连时，应进行预埋件的埋设，并有节点大样图和埋设方案。

（3）主体结构和立柱、横梁连接时应进行弹性连接和防腐处理。

（4）幕墙构造应有防火和保温处理。

（5）幕墙的防雷节点应有构造设计图。

（6）幕墙的细部构造应经过验收合格方能使用。

5.2.3　幕墙物理性能试验的内容

由于建筑幕墙是有一定力学性能的装饰构造组成的支撑体系，因而它不同于其他装饰构造。幕墙不论是面层还是基层都必须满足一定的物理性能，因此在熟悉幕墙构造的同时，还应了解幕墙的物理性能。

建筑幕墙的物理性能主要包括：①幕墙抗风压性能；②幕墙气密性能；③幕墙水密性能；④幕墙保温性能；⑤幕墙隔声性能；⑥幕墙耐撞击性能；⑦平面变形性能。

在各项性能中，抗风压性、气密性及水密性因与幕墙的安全与使用功能密切相关，从而显得尤其重要，此三项性能指标也被简称为玻璃幕墙的"三性"。

《建筑幕墙》（GB/T 21086—2007）对幕墙的各项性能等级划分作了具体规定，《玻璃幕墙工程技术规范》（JGJ 102—2003）对玻璃幕墙的性能与检测作了更进一步的要求。

对幕墙进行性能检测，不仅是对幕墙结构设计的检验，也是对幕墙安装施工质量的检验。在幕墙大批量施工前，必须对各类幕墙进行此三性试验，以便于把幕墙设计中存在的问题显现出来。三性试验必须在国家认可的试验检测机构进行。幕墙的三性试验的检测依据必须符合幕墙的规范要求。

5.3　玻璃幕墙构造

玻璃幕墙一般由主体结构框架、填衬材料、连接件和面层玻璃所组成，由于其组合方式和构造方式的不同而做成有框架式和无框架式两类。

明框、隐框、半隐框式玻璃幕墙由于其面板需固定在基层骨架上，因而统称为有框式玻璃幕墙。

全玻璃幕墙和点式支撑体系玻璃幕墙由于其没有基层面也俗称为无框式玻璃幕墙。

有框式玻璃幕墙又根据施工现场安装方法的不同可分为：现场组合的构配件式玻璃幕墙和工厂预制成品后再到现场安装的板块式玻璃幕墙两种。

构配件式玻璃幕墙是在现场依次安装立柱、横梁和玻璃面板的有框支撑体系幕墙，包括明框式、隐框式、半隐框式玻璃幕墙。

点式支撑和全玻璃幕墙的构造形式一般为先预制组件，后现场安装型。

5.3.1 明框式玻璃幕墙构造

明框式玻璃幕墙是先安装立柱，然后进行横梁和玻璃面板安装的框支撑体系。由于其框架外显，故成为明框。

如图 5-4 所示，它是在施工现场按照已经确定的施工图样，将金属框架、玻璃、填充层和内衬墙以一定顺序进行组装，再通过金属框架把自重和风荷载传递给主体结构的一种构造方式。荷载可以通过立柱也可以通过横梁进行传递，目前主要采用立柱方式，因为横梁的跨度不能太大，否则结构立柱数量要增加，材料成本扩大。

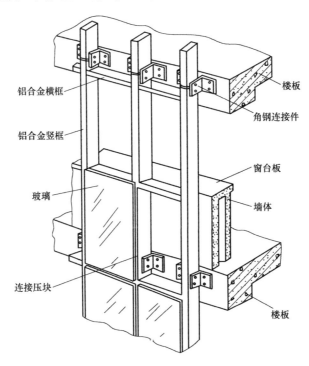

图5-4 构件式玻璃幕墙组合图例

立柱一般支撑于楼板上，布置比较灵活。国内现在大多采用构件式组装，施工相对较为成熟，由于精度低，施工要求也低一些。

1. 立柱和横梁的断面与连接方式

立柱和横梁都为金属框架材料，一般有铝合金、铜合金及不锈钢型材。现在大多采用铝合金型材，由于其质轻、易加工、价格便宜，因而得到广泛应用。铝型材有实腹和空腹两种，通常采用空腹型材，主要是节省材料、刚度好。立柱和横梁由于使用功能不同，其断面形状也不同，主要根据受力状况、连接方式、玻璃安装固定位置和凝结水及雨水排除等因素确定。目前，各生产厂家的产品系列不太一样，图 5-5 是其中用得最广泛的显框系列玻璃幕墙型材和玻璃组合型式。

这种典型的立柱铝型材与玻璃组合的构造形式，主要是立柱通过配套的固定连接件，通过密封胶条、硅酮结构胶、硅酮密封胶与玻璃弹性相连。

图 5-6 是一种横框铝型材与玻璃的弹性连接图。

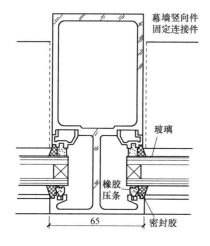

图 5-5　立柱与玻璃组合图例

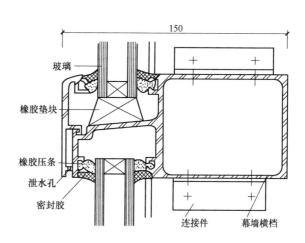

图 5-6　横框与玻璃组合图例

为了便于安装，也可以由两块甚至三块型材组合成一根立柱和一根横梁来构成所需要的断面，如图 5-7 所示。

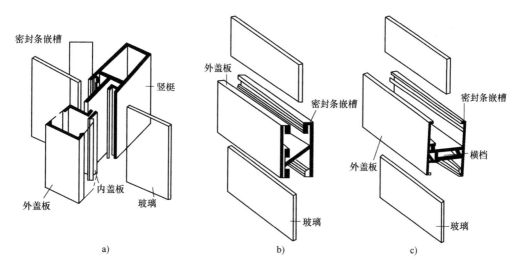

图 5-7　立柱横梁构造示意图

立柱通过连接件固定在楼板上，连接件的设计与安装，要考虑立柱能在上下、左右、前后三个方向均可调节移动，所以连接件上的所有螺栓孔都设计成椭圆型的长孔。由于其为竖向连接，通常在施工中被称为立柱。立柱应先与连接件连接，然后连接件与主体结构通过预埋件相连，并在施工中及时调整和固定。连接件通常由铝镁合金、不锈钢件等材质形成。

图 5-8 是几种常见的连接件示例。连接件可以置于楼板的上表面、侧面和下表面，根据主体预埋件的位置定出连接件的位置，并合理确定幕墙的分隔尺寸。需要注意的是：镀锌钢材的连接件不得与铝合金立柱直接连接，两者接触面之间应加防腐隔离柔性垫片，以防止产生双金属腐蚀。立柱应先与连接件连接，然后连接件再与预埋件通过螺栓和垫片与主体连接，采用螺栓连接时应有可靠的防松、防滑措施。

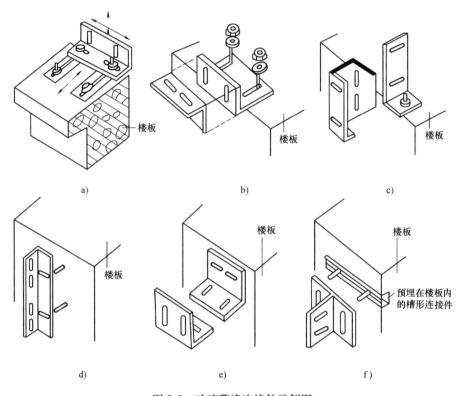

图 5-8　玻璃幕墙连接件示例图

使用锚栓进行连接时，锚栓的类型、规格、数量、布置和锚固深度必须符合设计和有关标准的规定。

由于要考虑型材的热胀冷缩，每根立柱不得长于建筑的层高，且每根立柱只固定在上层楼板上，上下层立柱之间通过一个内衬套管连接，内衬套管不得在内层楼板之间衔接，两段立柱之间还必须留不小于 15mm 的伸缩缝，并用密封胶堵严。而立柱与横梁可通过角铝连接件连接。

立柱应先进行预装，立柱按照偏差要求初步定位后，应进行检查，并应及时调整、修正，以防止偏差积累，在检验合格后，进行正式焊接牢固。调整到位后，应该进行及时紧固。

立柱上下柱之间应留有不小于 15mm 的缝隙，闭口型材可采用不小于 250mm 的芯柱连接，芯柱和立柱应紧密配合。上下柱之间的缝隙应打注硅酮耐候密封胶密封。

立柱与横梁一般分段连接，为了防止幕墙构件部位产生摩擦声，横梁与立柱之间的连接应设置柔性垫片或预留 1～2mm 的间隙，间隙内填胶，严禁刚性连接。立柱与立柱、立柱与横梁、立柱与楼板的连接关系如图 5-9 所示。

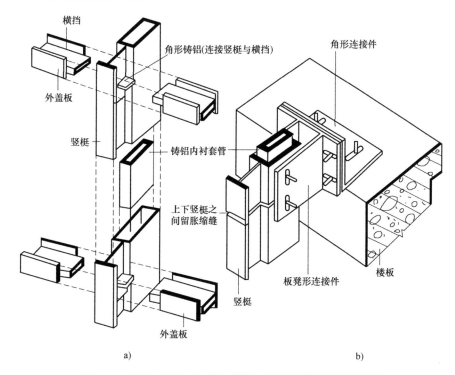

图 5-9　立柱与立柱、立柱与横梁、立柱与楼板的连接关系

2. 玻璃面板的选择与安装

玻璃幕墙的玻璃是主要的建筑外围护和装饰材料。应选择热工性能良好、抗冲击能力强的特种玻璃，通常有钢化玻璃、吸热玻璃、镀膜玻璃和中空玻璃等。

吸热玻璃是生产透明玻璃的过程中，在原料中加入极微量的金属氧化物，因而形成带颜色的吸热玻璃。它的特点是能使可见光透过而限制带热量的红外线通过，由于其价格适中、热工效果好，故采用较多。

镀膜玻璃是在透明玻璃、钢化玻璃、吸热玻璃的一侧涂上反向膜，通过反射掉太阳光的热辐射而达到隔热目的。镀膜玻璃能映照附近景物和天空，能随景色和光线的变化而产生不同的立面效果，装饰性较好。

中空玻璃是将两片透明玻璃、钢化玻璃、吸热玻璃等边框通过焊接、胶接或熔接密封而成。玻璃之间相隔 6 ~ 12mm，形成干燥空气层或充以惰性气体以达到隔热和保温效果，可有效防止结露。

玻璃安装形式主要为镶嵌胶结形式，在金属框上必须要考虑能保证接缝外的防水密闭、玻璃的热胀冷缩问题。要解决这些问题，通常在玻璃与金属框接触的部位设置密封条、密封衬垫和定位垫块。玻璃安装如图 5-10 所示。

3. 密封胶条安装

密封条有现注式和成型式两种，现注式接缝严密、密封性好、采用较广，现行用得最广的是硅酮密封胶。成型式密封条是工厂挤压成型的，在幕墙玻璃安装时嵌入边框的槽内，施工方便，目前采用的密封条材料有硅酮橡胶条和聚硫橡胶条。

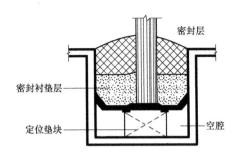

图 5-10 玻璃安装示例

密封胶的施工厚度应大于 3.5mm，一般控制在 4.5mm 以内，太薄不利于保证密封质量，太厚容易被拉断或破坏，失去了密封和防渗漏的作用。所以密封胶的施工宽度不宜小于厚度的两倍。

密封衬垫通常只是在现注式密封胶注前安置，旨在用于给现注式密封条定位，使密封条不至于注满整个金属框内空腔。密封衬垫一般采用富有弹性的聚氯乙烯条，施工中称 O 型胶条。

定位垫块是安置在金属框内支撑玻璃的，使玻璃与金属框之间具有一定的间隙，调节玻璃的热胀冷缩，同时垫块两边形成了空腔。空腔可防止挤入缝内的雨水因毛细现象进入室内。如图 5-11 所示。

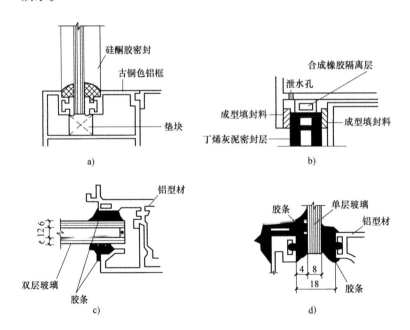

图 5-11 密封填缝处理

4. 明框式玻璃幕墙活动窗构造

由于高层建筑大多采用空调来调节室内温度，故幕墙的大多数玻璃是固定的，只有少数窗开启。由于高层建筑上空风大，不宜做平开窗，大多用上悬窗和推拉窗，位置根据室内布置要求确定，其幕墙窗的连接也要遵循幕墙的规范要求，如图 5-12 所示。

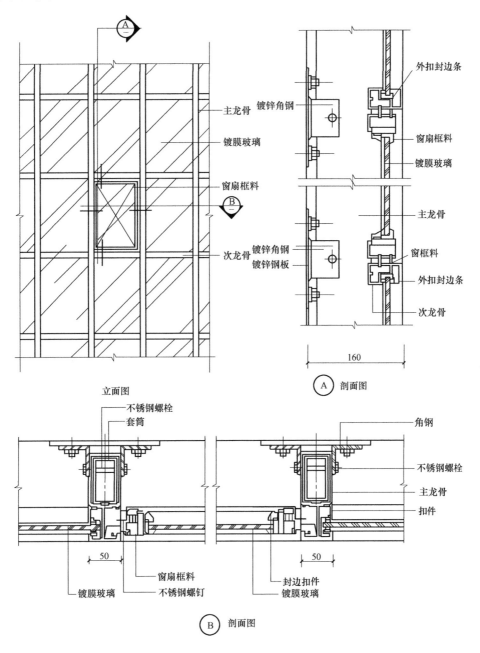

图 5-12　活动窗构造示意图

5.3.2　隐框式玻璃幕墙构造

隐框玻璃幕墙，是指玻璃面板部分或全部遮盖住内部金属骨架，使面层玻璃能形成一定整体效果，由于其感观效果好，因而备受现行幕墙设计师的青睐。近几年隐框玻璃幕墙的发展速度很快，每年在以 500 万 m² 以上的速度发展。

隐框式玻璃幕墙根据其隐藏金属骨架的范围分为全隐型、半隐型玻璃幕墙。

1. 全隐型玻璃幕墙构造

全隐型玻璃幕墙由于在建筑物的表面完全不显露金属框架，而且玻璃上下左右接缝结合部位远观尺寸较窄小，因而整体观感效果突出，装饰性较其他形式幕墙要好，受到目前高层建筑物的青睐。全隐框玻璃幕墙的发展首先得益于性能良好的结构粘接密封胶的出现。现行市场上应用最为广泛的为硅酮结构胶，硅酮密封胶。在隐框和半隐框玻璃幕墙中，必须使用中性硅酮结构密封胶，其性能必须符合《建筑用硅酮结构密封胶》（GB 16776—2005）的规定，而且硅酮结构密封胶必须在注明的有效期内使用。图5-13为隐框玻璃幕墙示例图。

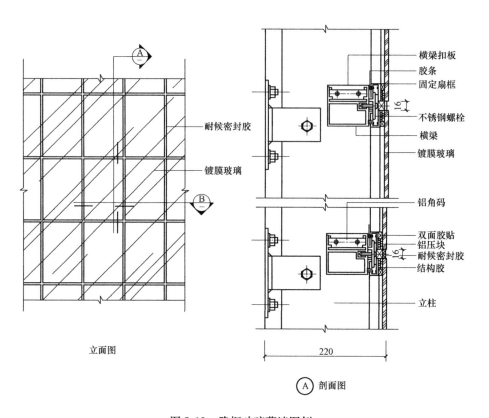

图5-13　隐框玻璃幕墙图例

全隐型玻璃幕墙由于玻璃四周用硅酮结构密封胶全封闭，不露内部金属框架，所以它是各种玻璃幕墙中最无能量效果的一种，玻璃产生的热胀冷缩变形应力全被密封胶吸收，而且玻璃面板所受的水平风压力和自重力也更均匀地传给金属框架和主结构件，安全性得到了加强。

2. 半隐型玻璃幕墙构造

半隐型玻璃幕墙有竖显横隐幕墙、竖隐横显幕墙。半隐型玻璃幕墙利用结构硅酮胶为玻璃相对的两边提供结构的支持力，另两边则用框料和机械性扣件进行固定。这种体系看上去有一个方向的金属线条，不如全隐形玻璃幕墙简洁，立面效果稍差，但是安全度较全隐形玻璃幕墙要高。

上面讲述的是有框式玻璃幕墙体系，不论是表面如何分块和装饰，其幕墙的支撑体系均有金属框架做依托。因而其幕墙的立柱和横梁构造尤为重要，需要重点掌握。

5.3.3 点支撑玻璃幕墙和全玻幕墙

点支撑玻璃幕墙是由玻璃面板、点支撑装置、支撑结构体系构成的玻璃幕墙，其支撑结构形式有玻璃肋支撑、单根型钢和钢管组件支撑、珩架支撑，以及张杆拉索体系支撑结构等。

全玻式玻璃幕墙是一种不采用金属框架，而采用玻璃肋和玻璃面板体系构成的全透明、全视野的玻璃幕墙，俗称全玻幕墙，如彩图 37 所示。

1. 点支撑幕墙

点支撑玻璃幕墙是近几年来装饰建筑幕墙中应用较为广泛的幕墙构造体系。由于其点支撑装置较为灵活，被应用于各种不同结构的主体形式中，点式玻璃幕墙的全称为金属支承结构点式玻璃幕墙。

点式支撑玻璃幕墙的连接件近几年随着新材料、新技术的不断拓宽，有钢管类、型钢类、不同驳爪组件、张拉索杆体系等，连接件的连接形式有沉头和浮头式。

点式玻璃幕墙与一般玻璃幕墙的区别有以下几点：

（1）结构形式不同。点式玻璃幕墙是采用计算机设计的现代结构技术和玻璃技术相结合的一种全新建筑空间结构体系，幕墙骨架主要由无缝钢管、不锈钢拉杆（或再加拉索）和不锈钢爪件所组成，它的面玻璃在角位打孔后，用金属接驳件连接到支承结构的全玻璃幕墙上。而一般玻璃幕墙则多为平面框式、竖向杆件受力体系的结构。

（2）玻璃固定形式不同。点式玻璃幕墙的玻璃是用不锈钢爪件穿过玻璃上预钻的孔得以可靠固定的，而一般玻璃幕墙，如全隐式或半隐式都是用结构胶粘接固定在框架上的。

（3）构件加工不同。点式玻璃幕墙的主要金属构件，均需车钻、冲压机床的精密加工，成批工厂化生产，现场安装精度高且质量好。而一般玻璃幕墙的铝合金多在施工现场就地用电动机具制作，加工略显粗糙，精度不高，效能低。

（4）玻璃品种与规格不同。点式玻璃幕墙所用的玻璃多为低辐射或白钢化中空玻璃，且对解决城市光污染有一定效果，玻璃规格限制不是那么严格。而一般玻璃幕墙常采用镀膜反射玻璃，玻璃规格一般偏小。

这里主要介绍驳爪组件式和索杆体系。如图 5-14 所示为点式驳爪玻璃幕墙构造图。

1）驳爪式组件体系当采用浮头式连接件连接时，玻璃面板的厚度不应小于 6mm，当采用沉头式连接件连接时，面板不应小于 8mm，沉头式连接件在玻璃面板上应采用锥形空洞，使连接件能够沉入玻璃面板，与面板平齐。

驳爪式连接的玻璃幕墙较为常见，可应用于不同主体的维护装饰中。墙面顶面局部造型弧形等都有其应用实例。玻璃面板若为矩形一般采用四支点支撑玻璃，如图 5-14 所示，但当设计需要加大面板尺寸而导致玻璃宽度过大时，也可采用六点支撑，三角形玻璃面板可采用三点支撑。

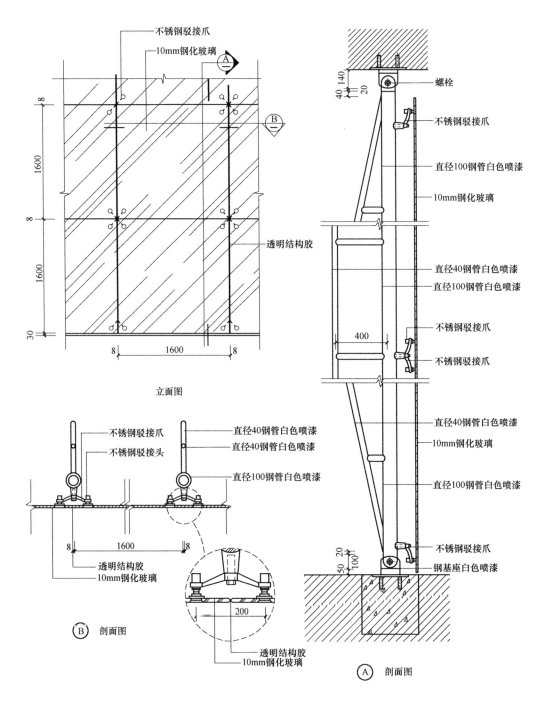

图 5-14　点式驳爪玻璃幕墙构造图

中空玻璃建筑顶部四点支撑图示见彩图 38。

点支撑玻璃幕墙饰面板一般选用比较厚的钢化玻璃和由钢化玻璃合成的夹层钢化玻璃、中空安全玻璃。玻璃肋应采用钢化夹层玻璃。选用的单片玻璃面积和厚度，主要应满足最大风压情况下的使用要求。

点支撑构造装置的选型应符合现行《点支式玻璃幕墙支撑装置》（JG J138—2001）的规定。在构造中，点支撑钢材顶部与玻璃有不小于1mm 的弹性衬垫。

2）索杆体系点式幕墙构造主要应用于主体墙面、室外采光顶、挑廊外雨篷等构造中。现就其中的两种构造形式具体学习。

① 单层索网体系。这种新型的柔性支承结构体系，以其轻盈美观、通透性好等优点得到广泛的应用。单层索网体系属于柔性张拉结构，具有较强的几何非线性。但它施加预应力前没有刚度，结构形状也不确定，必须施加预应力后才能承受荷载，因此其受力特性在很大程度上依赖于所施加的预应力。在墙面应用时整个结构由支撑框结构、索网和地梁等组成，如图 5-15 所示。

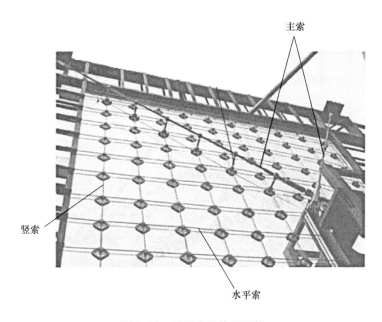

图 5-15　单层索网体系图例

② 张拉杆式。应用较为广泛的是室外挑廊外雨篷、廊檐等处。由于建筑造型的多样性它可以有平面和空间等形式。其连接件多为驳爪、圆钢球形棱锥体、拉杆、张拉件等。如彩图 39 所示为外雨篷张拉式构造骨架，面层钢化夹胶玻璃（未装），上部为玻璃隐框式构造。

2. 全玻璃幕墙

全玻璃幕墙是由玻璃肋和玻璃面板构成的玻璃幕墙。玻璃肋支撑结构的玻璃幕墙是指在幕墙面板形成在某一层范围内幅面比较大的无遮挡透明墙面，为了增强玻璃墙面的刚度，必须每隔一定的距离用条形玻璃作为加强肋板，俗语称为"肋玻璃"，如图 5-16、图 5-17 所示。

面玻璃与肋玻璃相交部位宜留出一定的间隙，用硅铜结构密封胶注满。近年来为了使外观更流畅，避免"冷桥"出现，并减少金属型材的温度应力，玻璃上下结合通常采用密封胶，可承受 $9.8kN/m^2$ 的风压，达到了很高的安全性。

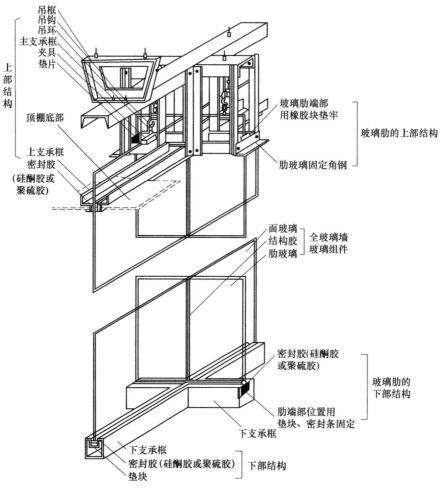

吊框
吊钩
吊环
主支承框
夹具
垫片

上部结构

顶棚底部

上支承框
密封胶
(硅酮胶或聚硫胶)

玻璃肋端部用橡胶块垫牢

玻璃肋的上部结构

肋玻璃固定角钢

面玻璃
结构胶
肋玻璃

全玻璃墙玻璃组件

密封胶(硅酮胶或聚硫胶)

玻璃肋的下部结构

肋端部位置用垫块、密封条固定

下支承框

下支承框
密封胶(硅酮胶或聚硫胶)
垫块

下部结构

图 5-16 玻璃肋和玻璃面板构成的玻璃幕墙示意图

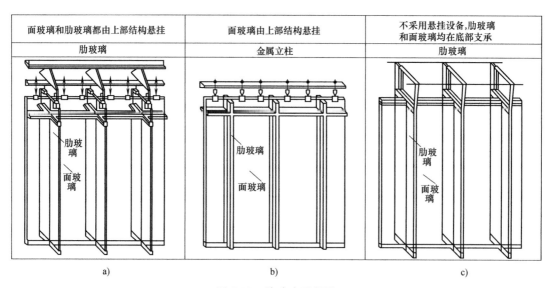

面玻璃和肋玻璃都由上部结构悬挂	面玻璃由上部结构悬挂	不采用悬挂设备,肋玻璃和面玻璃均在底部支承
肋玻璃	金属立柱	肋玻璃
肋玻璃 面玻璃	肋玻璃 面玻璃	肋玻璃 面玻璃
a)	b)	c)

图 5-17 肋玻璃示意图

5.4 金属与石材幕墙构造

金属与石材幕墙是面层饰面板为金属面板或石材面板的一类幕墙构造形式。在幕墙形式中被普遍运用，并且构造设计较为成熟，其基层骨架多为铝型材和钢材。

金属与石材幕墙的框架最常用的是钢管或钢型材框架，铝合金型材使用较少，如果是铝合金型材构造，则其构造和安装与构件式玻璃幕墙的构造相同。

现行幕墙构造中金属面板主要有铝板和不锈钢板材，石材主要有天然花岗石和人造石材两种，随着建筑装饰材料的发展，陶瓷类外墙砖也在逐步被越来越多的建筑幕墙设计所用，其构造与石材类幕墙构造相似。

本节主要介绍金属与石材幕墙构造。

5.4.1 金属饰面板幕墙

金属板幕墙构造类似于隐框式玻璃幕墙的骨架体系。它是由工厂定制的折边金属薄板作为外围护墙面，与基层框架体系组合成幕墙，面层为金属板墙面，骨架全隐，具有独特的装饰效果。由于其金属饰面板质轻、颜色多样、外观新颖、整体效果突出，被逐渐用于外墙装饰。如彩图 40 所示即为金属铝板幕墙构造实景。

金属幕墙中应用较多的是铝板幕墙、不锈钢板幕墙。下面以铝板幕墙为例介绍金属幕墙的有关构造。

1. 饰面板材的加工处理

在铝板幕墙的面材选择中，主要有单面铝板、复合铝板、蜂窝铝板等形式。

单面铝板的厚度一般不可能很厚，力学性能较其他两类稍差些，在加工处理时应将板四周折边，或冲成槽形。为加强铝板的刚度，可采用电栓焊将铝螺栓焊接在铝板背面，再将加固角铝紧固在螺栓上，或者直接用结构胶将饰面铝板固定在铝方管上。图5-18为单层饰面铝板的加固处理示意图。

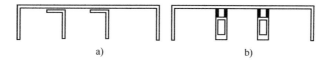

a) b)

图 5-18 单层饰面铝板的加固处理示意图
a) 角码加固形式 b) 直接与铝骨架固定形式

复合铝板一般厚度较大，可根据单块幕墙面积大小将复合铝板加工成图5-19所示的几种形式。其中，平板式、槽板式可用于面积较小的幕墙，加劲肋式由于其较好的力学性能，广泛用于面积较大、风荷载较大的幕墙上。复合铝板应在弯折处采用铝角加固，如图 5-19e 所示。

无论是采用单层铝板还是铝塑复合板、蜂窝铝板，其金属板材的品种、规格和色泽应符合设计要求。其表面的氟碳树脂厚度应符合规范要求，沿海和严重酸雨地区，其厚度应大于 $40\mu m$，其他地区，厚度应大于 $25\mu m$。

幕墙用单层铝板时，厚度不应小于 2.5mm，单层铝板折弯加工时，折弯外圆弧半径不应小于板厚的 1.5 倍。

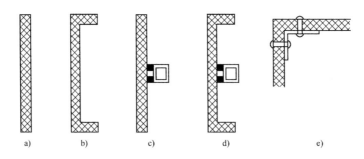

图 5-19 复合铝板铝角加固示意图

加劲肋可采用电栓钉固定,其间距应符合设计要求,可采用焊接、铆接或直接在铝板上冲压而成。

面层若采用铝塑复合板,在其加工过程中严禁与水接触,在切割折边时,应保留不小于0.3mm 厚的聚乙烯塑料层,外露的聚乙烯塑料应采用中性硅酮密封胶密封。

面层若采用蜂窝铝板折边时,其直角构件的折角应弯成圆弧型,角缝应用硅酮密封胶密封。各部位外层铝板上应保留 0.3～0.5mm 的铝芯。

2. 饰面板与框架的连接构造

在对金属饰面板进行加工处理后,就可以把加工好的面板与框架进行连接。

饰面铝板与框架的连接有两种方法:

(1) 用铝铆钉或铝铆钉加角铝将饰面铝板直接固定在框架上。

(2) 采用结构胶将饰面铝板固定在封框上,然后再将封框固定在框架上。图 5-20 所示为一种饰面铝板的连接固定构造。

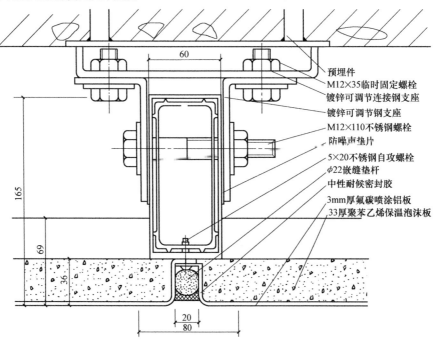

图 5-20 饰面铝板的连接固定构造

3. 铝板幕墙与玻璃幕墙交接的构造处理

在对铝板幕墙进行构造处理时，也要注意同时有多种类的面层饰面板幕墙的连接构造处理。由于外幕墙是建筑物外表面的装饰形式，因此为了适应不同建筑主体的需要，幕墙设计中往往在同一个建筑物外表面有不同的幕墙种类，因此就出现了石材幕墙和玻璃幕墙的连接、玻璃与铝板幕墙的连接、铝板与石材幕墙的连接等多种构造形式。如图 5-21 为铝板幕墙与玻璃幕墙交接的构造示例。

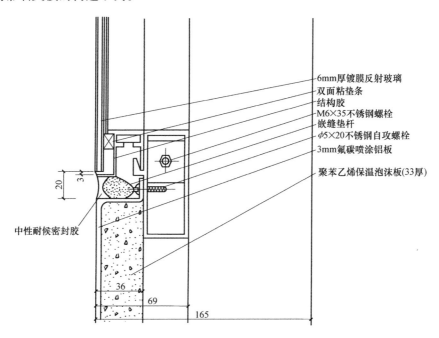

图 5-21 铝板幕墙与玻璃幕墙交接的构造

5.4.2 石材饰面板幕墙

石材饰面板幕墙是以石材为面层板，以基层构件形成的幕墙构造。

石材幕墙的面层主要以天然或人造石材为饰面层，内部以框架为支撑体系与主体有效连接。由于石材其天然的纹理，可以塑造多种与玻璃幕墙截然不同的装饰效果。并且石材幕墙具有耐久性较好、自重大的特点。

1. 石材饰面板的要求

石材幕墙需选用装饰性强、耐久性好、强度高的石材加工而成。一般天然的应选用花岗石，花岗石的耐久性好，耐腐蚀性优于大理石，被广泛应用在外石材幕墙结构中。人造石材随着近几年的不断改进，其价格又低于同等性能的天然石材，也逐步被广泛使用。在选取构造方式时，应根据石材与建筑主体结构的连接方式，分别对应选取。

2. 石材幕墙的连接构造分类

石材幕墙的连接构造分类有直接式、骨架式、背挂式、粘贴式、单元体式等类型。

直接式是指将被安装的石材通过金属挂件直接安装固定在主体结构上的方法。这种方法比较简单经济，但要求主体结构墙体本身强度较高，一般为钢筋混凝土墙，并且其主体墙面的垂直度和平整度都要比一般结构精度高。

骨架式用于框架结构主体，构造形式灵活，应用较广。

背挂式为采用锚栓固定，利用背部锚栓将板块固定在金属挂件上，安装方便。

粘贴式为完全不用金属挂件，而是采用干挂石材胶来固定石材的技术。由于其受力完全靠胶的力量来承受，因而用于零星的面积较小的墙面中。现行一般要和骨架式、背挂式联合使用。

单元体式为利用特殊的强化组合框架，将饰面材料全部在工厂组合，然后运至工地安装，因此它不受自然条件的制约，工作效率和精度得到了很大提高，但是制作成本偏大，因而应用较少，如图 5-22 所示。

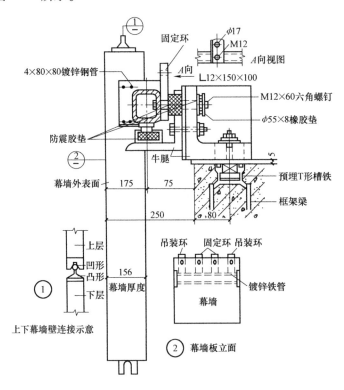

图 5-22　单元体式构造实例

现行的石材幕墙中应用最广的是背挂式和骨架式，有时两者并列使用。

1）如图 5-23 所示，为背挂式，即直接将石材通过不锈钢挂件连接固定在主体结构墙体或用槽钢制作的支架上。

2）骨架式是采用与隐框玻璃幕墙相类似的结构装配组件法，即将石材用硅酮结构胶固定在基层骨架上，成为结构装配组件，再用机械固定方法将结构装配组件固定在骨架上，前者多用于低层建筑或高层建筑的裙房，后者适用于高度较大的建筑。图 5-24 为骨架式花岗石板幕墙的构造示例。

骨架式和背挂式石材幕墙由于其专用的紧固件和连接件形式，在现行石材幕墙中应用较广，统称为幕墙石材的干挂形式。

3. 石材与其他幕墙和装饰层的连接构造

石材与其他幕墙和装饰层的连接构造，主要集中在石材与玻璃幕墙的连接，安装中最难

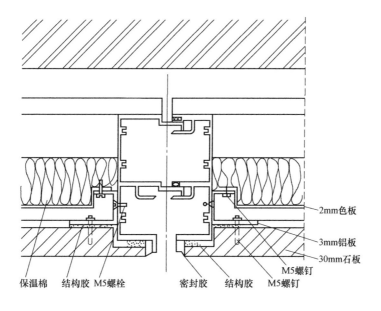

2mm色板

3mm铝板

30mm石板

M5螺钉

保温棉　结构胶　M5螺栓　　　密封胶　结构胶　M5螺钉

图 5-23　背挂式示意图

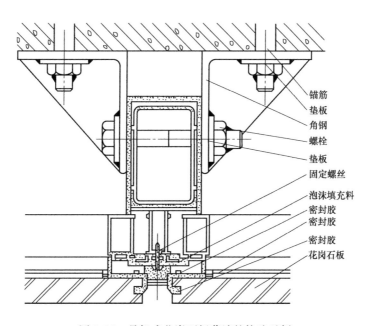

锚筋

垫板

角钢

螺栓

垫板

固定螺丝

泡沫填充料

密封胶

密封胶

密封胶

花岗石板

图 5-24　骨架式花岗石板幕墙的构造示例

解决的部位是主入口玻璃幕墙与石材幕墙交接处、石材幕墙内侧与室内顶棚交接处顶棚板的处理。在后一节细部构造设计中就有一例石材幕墙与顶部的连接。玻璃幕墙内侧的肋板给石材干挂设计及施工带来一定的难度，需统筹解决。

　　首先，承重吊顶石材的钢龙骨不能将荷载传递到玻璃幕墙的主体结构上，石材干挂的钢龙骨只能"见缝插针"。

其次，在肋板玻璃与顶棚石材交接处无法用扣件从石板的侧边固定，因此要采用"背挂式"干挂法。从经济及工程进度的角度出发必须用普通的镀锌膨胀螺栓，普通的膨胀螺栓要牢固的拴住石板就要有一定的埋深，胀管才能起作用，每块肋板的间距（这个尺寸非常重要）也要准确无误。因为板材划分取决于肋板间距，如果是按照玻璃幕墙施工图设计，则一定要进行尺寸复核；构造确定后，设计交图后，施工方应按图放样，石材供应商应按图加工，尺寸不准会导致板材浪费，强行施工，会造成质量隐患，并影响工期。

因此在构造中应注意以下问题：

（1）严格按图施工，在钢架施工时，顶棚板的就位孔可适当开大一些，以便板材就位时能微调。

（2）复核就位孔尺寸，放样确定板材背面钻孔位置及侧边销孔位置。

（3）材侧边钻直径6mm、深30mm孔两个。

（4）板材背面钻孔直径10mm，采用定位销确保钻孔深度40mm，每块板钻孔4个。

（5）清洁钻孔内粉尘，向孔内注入适量的AB胶；将胀管长度切割成4cm（这项工作可预先做好），再找入膨胀螺栓，用套管将胀管打进钻孔，直至与石板平齐；再用平垫、弹簧垫片、螺母紧固。

（6）挂板就位，先安装第一块板，用挂线及托板调整、固定；再安装侧边扣件、销针；接着安装第二块板，对准侧边孔销及螺栓固定孔，调整到位后用平垫片、弹簧垫片、螺母紧固。其余板材料照此法安装。

（7）板块安装完毕后清洗、打胶。

4. 石材幕墙的优缺点

由于现行石材幕墙构造形式应用广泛，因此在实际应用中对它的优缺点的了解至关重要，要对不同的主体形式学会正确合理的使用。

石材幕墙具有以下优点：

（1）石材耐冻性好。石材在潮湿状态下，能抵抗冻融而不发生显著破坏，此性能称为耐冻性。岩石孔隙内的水份在温度低到 -20℃时，发生冻结，孔隙内水份膨胀比原有体积大1/10，岩石若不能抵抗此种膨胀所产生的力，便会出现破坏现象。一般若吸水率小于0.5%，就不考虑其抗冻性能。

（2）抗压强度高。石材的抗压强度会因矿物成分、结晶粗细、胶结物质的均匀性、荷重面积、荷重作用与解理所成角度等因素，而有所不同。若其他条件相同，通常结晶颗粒细小且彼此黏结在一起的致密材料，具有较高强度。致密的火山岩在干燥及饱和水分后，抗压强度并无差异（吸水率极低），若属多孔性及怕水之胶结岩石，其干燥及潮湿之强度，就有显著差别。

石材幕墙的缺点有：

（1）自重较重的石材在作高层建筑外墙的诸多严重危险性源于建筑业中的招标投标尚不完全规范。不少石材幕墙工程是谁的造价最低谁中标，因而造成不合理的低价中标，施工方为了节约成本往往忽视了石材的技术要求，高层（50～100m高）石材幕墙的低档次花岗石的确不符合材料的规范要求，因而造成隐患。

（2）石材幕墙防火性能很差，尤其在高层建筑中，火灾一般均在室内燃起，楼内的大火会使挂石材的不锈钢板和金属结构温度升高，使钢材软化，失去强度，石材将会从高层形成石材"雨"落下，不仅对行人造成危险，也给消防救火造成困难。这正如美国世贸大厦遭击瞬间垮落一样，因为世贸大厦全是钢结构，钢结构同样防火性能差，钢材高温软化失去了强度，世贸大厦形成自上而下的垮落。

不论采用哪一种形式的幕墙构造，都必须处理好内部结构的连接问题，只有掌握了各类构造的特点，才能正确绘制幕墙的构造图。

如彩图 41、彩图 42 所示即为石材花岗石（灰麻石）干挂构造外墙的成型效果。

5.5　陶板幕墙构造

陶板幕墙属于明幕墙，与石材幕墙相似。由于陶土板具有天然环保，没有任何辐射，颜色丰富、质感自然，古典、纯朴，隔声降噪性能强等特点，可提高建筑使用的经济性及舒适性，陶土板幕墙越来越多地在商务楼、办公楼、剧院、场馆和住宅等楼宇建筑上使用，如图 5-25 ~ 图 5-27 所示。

图 5-25　陶板幕墙

图 5-26　陶棍幕墙

图 5-27　陶板在室内的运用范例

5.5.1 陶板幕墙的材料特性与技术优势

1. 陶板幕墙的材料特性

陶土板是以天然陶土为原料，经高温烧制而成的。陶土板绿色环保、无辐射，颜色丰富、质感自然，不会带来光污染，板型变化多，具有保温节能、重量轻、强度高、规格精准等特点。陶土板防火阻燃，耐久性好，且具有自洁功能，同时更换简单，装饰遮阳，切割自由，安装方便、简洁。陶板的可选颜色如图 5-28 所示。

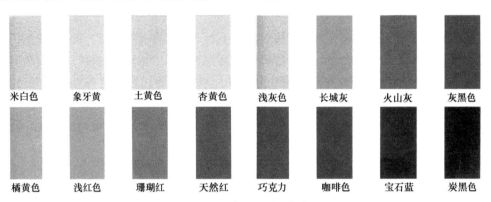

图 5-28　陶板的可选颜色

2. 陶板幕墙的技术优势

陶板幕墙具有隔声、隔热、防火阻燃、防水防潮、便于施工等技术优势。如图 5-29 所示为陶板幕墙的防水防风处理方式。

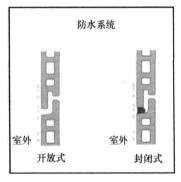

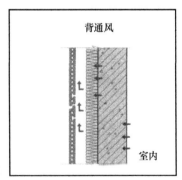
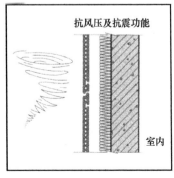
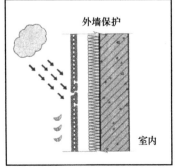
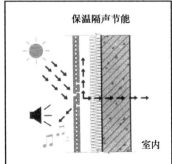

图 5-29　陶板幕墙的防水防风处理方式

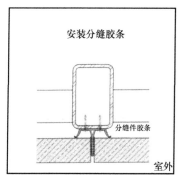
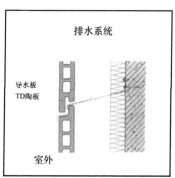

图 5-29　陶板幕墙的防水防风处理方式（续）

　　陶板的可选颜色非常丰富，能够满足建筑设计师和业主对颜色的选择要求，陶土板的空腔设计不仅减轻了陶板的重量，还提高了陶板的透气、降噪和保温性能，如图 5-30所示。

图 5-30　陶板的空腔设计

　　陶土板是不可燃材料，经过高温煅烧，耐酸碱性、抗冻融性、耐候性都很好。

　　陶土板的系统设计能最大程度地满足幕墙收边、收口、接缝的局部要求，无论是平面、转角或其他部位，都能保持装饰立面的连贯、美观，并给设计、施工带来更多的自主性。如图 5-31、图 5-32 所示分别为陶板幕墙的常用连接件及转角连接方式。

图 5-31　陶板幕墙的常用连接件

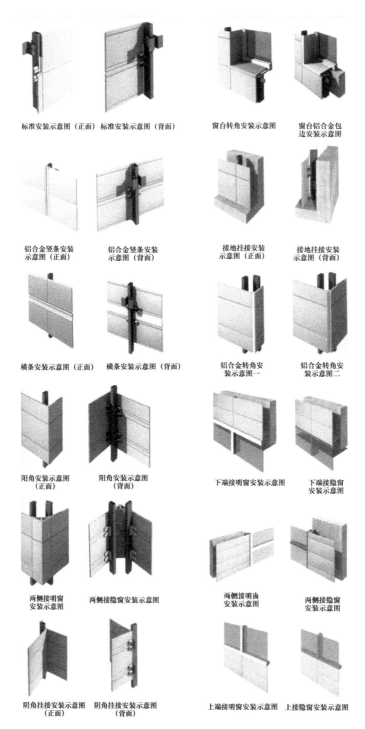

图 5-32 陶板幕墙的常用转角连接方式

5.5.2 陶板幕墙的常用规格与构造要点

陶板的主要产品有 T9.5、T18、T25、T30 和陶棍百叶系列，宽度有 300mm、450mm、

600mm，长度有 600mm、900mm、1200mm、1500mm，另外还可定制规格。

常用产品 T18 陶板的构造与连接方式详解如图 5-33 ~ 图 5-39 所示。

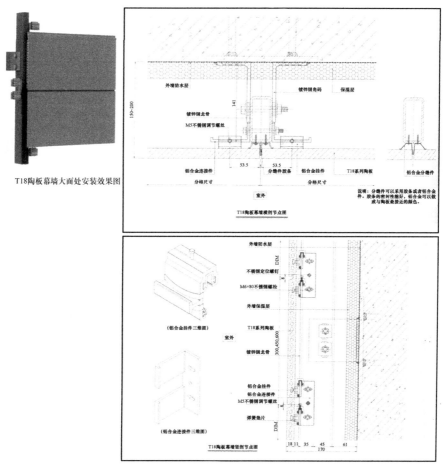

图 5-33　T18 陶板构造节点大样图

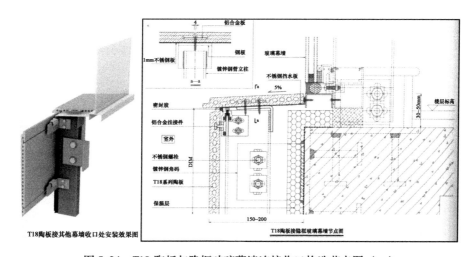

图 5-34　T18 陶板与隐框玻璃幕墙连接收口构造节点图（一）

113

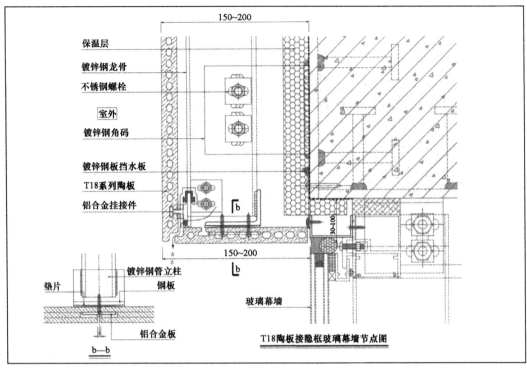

保温层
镀锌钢龙骨
不锈钢螺栓

室外

镀锌钢角码

镀锌钢板挡水板

T18系列陶板

铝合金挂接件

150~200

30~100

垫片

镀锌钢管立柱

钢板

铝合金板

b—b

玻璃幕墙

T18陶板接隐框玻璃幕墙节点图

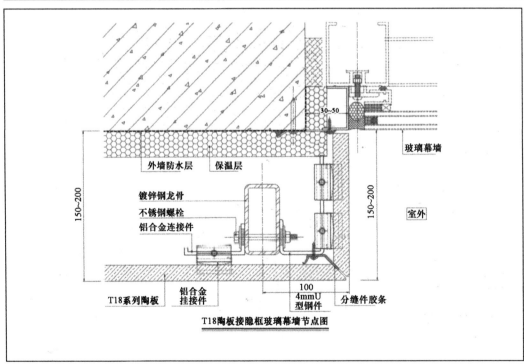

外墙防水层   保温层

玻璃幕墙

镀锌钢龙骨

不锈钢螺栓

铝合金连接件

30~50

室外

150~200

150~200

T18系列陶板

铝合金挂接件

100
4mmU
型钢件

分缝件胶条

T18陶板接隐框玻璃幕墙节点图

图5-35 T18陶板与隐框玻璃幕墙连接收口构造节点图（二）

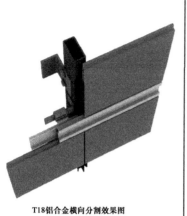

T18铝合金横向分割效果图

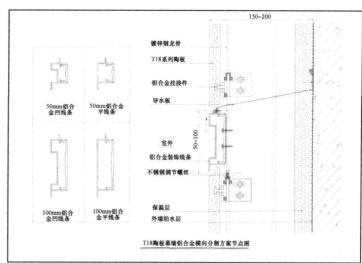

T18铝合金竖向分割效果图

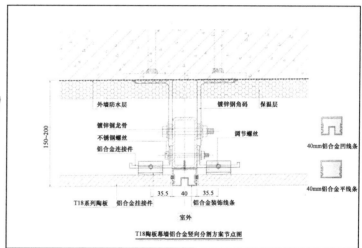

图 5-36 T18 陶板幕墙铝合金横向与纵向分割构造节点图

T18铝合金单板女儿墙压顶效果图

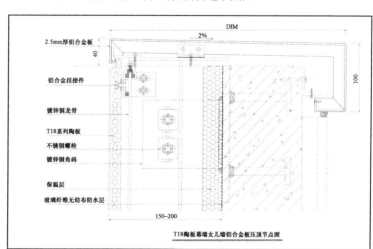

图 5-37 T18 陶板幕墙铝合金单板女儿墙封顶构造节点图

115

T18阴角安装效果图

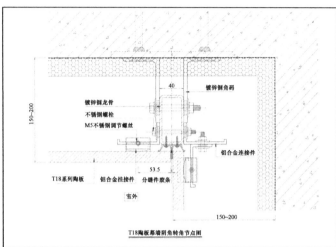

图 5-38 T18 陶板幕墙阴角构造节点图

T18海棠角方式安装效果图

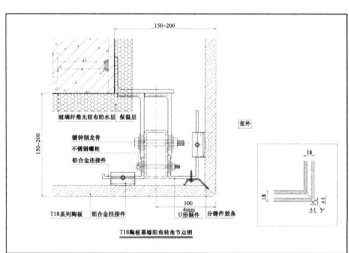

T18铝合金管阳角效果图

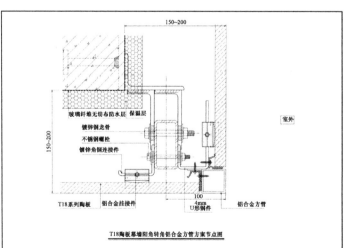

图 5-39 T18 陶板幕墙海棠阳角与铝合金管阳角构造节点图

5.5.3　陶板幕墙的安装与施工要点

1. 陶板的安装步骤（图5-40）

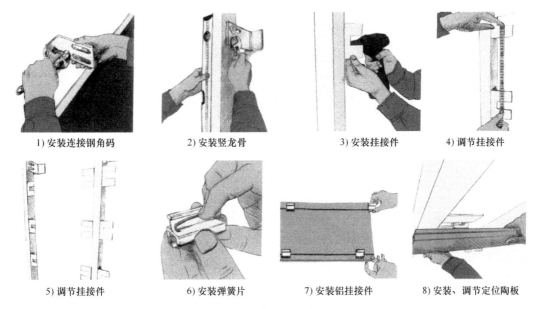

| 1）安装连接钢角码 | 2）安装竖龙骨 | 3）安装挂接件 | 4）调节挂接件 |

| 5）调节挂接件 | 6）安装弹簧片 | 7）安装铝挂接件 | 8）安装、调节定位陶板 |

图5-40　陶板的安装步骤

（1）测量放线。根据幕墙的立面分隔，在外结构面上用经纬仪和水准仪标出龙骨安装的垂直和水平控制线。

（2）安装立柱。立柱通过角码固定于主体结构上，采用不锈钢螺栓紧固，调整立柱的垂直度。

（3）安装横梁或连接件。采用不锈钢螺栓或螺钉将横梁（或者连接件）固定到立柱上，调整横梁的垂直度和水平度。

（4）安装陶板。①安装分缝件胶条于横梁（或立柱）上；②安装陶板和挂件，通过挂件调整陶板的安装平整度与垂直度；③依次自下而上地安装其余的陶板，完成整个幕墙的安装。

（5）打密封胶。开放式系统不需要打密封胶，密闭式系统则需要将陶板分别在横向和竖向的接缝上施打密封胶。

（6）幕墙清洗。将安装完的陶板幕墙清洗干净。

2. 陶棍的安装步骤（图5-41）

1）利用水平尺或激光水平仪，根据施工设计，按要求模数在墙面上标出抱框安装位置。

2）根据标出的安装线，将抱框安装在墙面上，调整好抱框的垂直度、离墙距离，然后固定。必须注意的是，抱框只安装在立方陶的连接处。

3）在安装好的抱框间利用螺钉安装陶棍，调整好陶棍的水平度及位置后固定，从上往下依次重复安装。

4）安装完陶棍后，用水彻底将幕墙清洗干净。

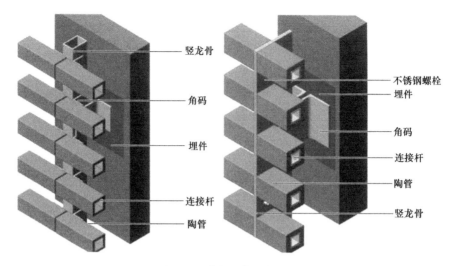

图5-41 陶棍的构造与安装

5.6 幕墙细部与节点构造

建筑幕墙是一项专业性要求很高的构造形式，在实际工程中幕墙的设计成功与否，关键在于对幕墙的细部和节点的处理。

幕墙的节点图，有时也称"大样"图，是表明建筑幕墙构造细部的图，比如，幕墙板与什么构件连接的，怎么连接的，每个构件的材料、尺寸，甚至有的细到每个螺栓等。节点图很常用，特别是用于指导施工方法等。

我国现行行业标准《高层建筑混凝土结构技术规程》（JGJ 3—2010）第4.9.5条明确指出：150m以上的高层建筑外墙宜采用各类建筑幕墙。这就表明从建筑结构的角度，高层建筑也需要幕墙，那么，对幕墙的节点构造就上升到了不仅重设计，还要重结构安全和规范使用等。

在现行的建筑幕墙的构造设计上，通常就是处理好接缝的设计。它包括：幕墙和建筑结构之间的连接，幕墙金属立柱与横梁的连接，玻璃与金属框的连接，各种埋件与连接件的连接。

幕墙的细部连接处理涉及以下问题：结构的变形对幕墙的影响，幕墙的自重以及其承受的各种荷载如何分层传递给建筑主体结构，温度变形，各连接件的防腐、防电化学反应、防雷构造、防火构造、防结露等一系列问题。

在幕墙的构造中，楼面和顶棚与幕墙的连接是一个非常重要的问题，此处经常留有缝隙，造成室内上下空间保温和隔声出现问题，因此幕墙的分块将影响楼面和顶棚与幕墙的连接，在构造处理上，通常设置横框，并做保温隔热处理。

幕墙的结露问题，在幕墙的金属框架和玻璃接合处是一个很严重的冷桥现象，无论是冬季还是夏季都会出现，应在此处采用断桥和保温处理。

在这里主要简述如下几种常见的细部和节点构造，并附有实际图例以供更好地领会。

5.6.1　幕墙转角部位的构造处理

幕墙的转角部位包括阳角、阴角、任意角等。转角部位的处理主要包括骨架布置、饰面固定位置、交接处接缝处理。

1. 90°阳角的构造处理

90°阳角的构造处理目前有两种处理方法：

（1）直接采用 90°阳角型材。如图5-42为单竖杆构造转角节点图。

（2）将两根竖杆相互垂直布置，用铝合金板作封角处理，可将铝合金板做成多种形状，丰富装饰效果，如图 5-43 所示。

2. 90°阴角的构造处理

90°阴角的构造处理一般也有两种处理方法：

（1）采用 90°阴角型材。可采用单根90°转角型材的隐框玻璃构造，如图 5-44 所示为单竖杆隐框玻璃幕墙 90°阴角转角节点。

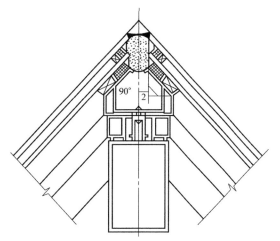

图 5-42　单竖杆构造转角节点图

（2）将两根竖杆垂直布置，竖杆间的空隙，外侧用封缝材料密封，内侧则用成型薄铝板饰面；如图 5-45 所示，可采用双竖杆明框玻璃幕墙 90°阴角转角构成节点。

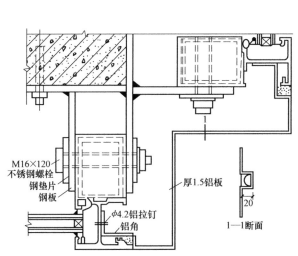

M16×120
不锈钢螺栓
钢垫片
钢板

厚1.5铝板

φ4.2铝拉钉
铝角

20

1—1断面

图 5-43　两根竖杆构造转角节点图

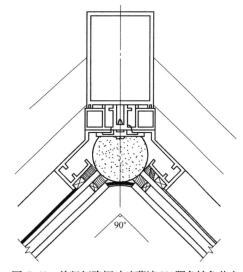

90°

图 5-44　单竖杆隐框玻璃幕墙 90°阴角转角节点

3. 任意转角的构造处理

任意转角的构造处理可以仿造 90°转角的处理方法。既可以采用两根竖杆的布置方式，也可以采用单根转角型材的布置方式。但由于任意角的型材种类有限，所以主要处理方法是通过调整两竖杆的相对位置，并加设定位件，来达到幕墙造型要求，构造如图5-46 所示。

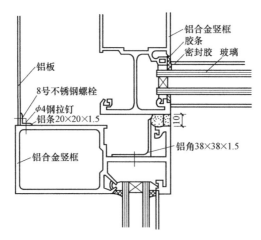

图 5-45 双竖杆明框玻璃幕墙 90°阴角转角节点

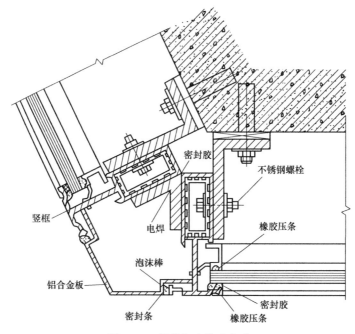

图 5-46 任意角度构造方式

5.6.2 玻璃幕墙的内衬墙细部构造要求

在玻璃幕墙的细部构造中，往往内衬墙需要与幕墙的防火和排水构造同时考虑。

由于建筑造型的需要，玻璃幕墙通常都设计成整片的，这就给建筑功能带来一系列问题。首先室内不需要这么大的采光面，而且外面看进去也不雅；其次整个外围护墙全是玻璃，对保温隔热不利；另外，幕墙与楼板和柱子之间产生的空隙对防火、隔声不利。所以，在做室内装修时，必须在窗户上下部位做内衬墙。内衬墙的构造类似于内隔墙的作法。窗台板以下部位可以先立筋，中间填充矿棉或玻璃棉隔热层，再复铝箔反射隔汽层，再封纸面石膏板。也可以直接砌筑加气混凝土板或成型碳化板。

在实际幕墙构造设计中，玻璃幕墙的横梁断面往往比立柱要复杂，主要问题在于通过密封条少量渗漏进框内的雨水必须及时排除，因此通常将横梁铝型材配件做成向外倾斜，并留有泄水孔和滴水口，如图 5-47 所示。

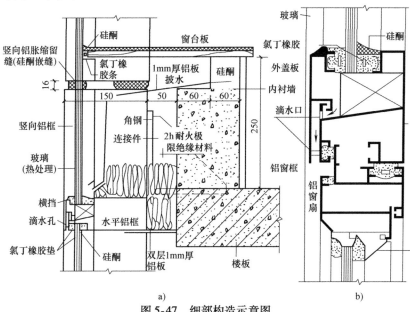

图 5-47　细部构造示意图

a）幕墙内衬墙和防火、排水构造　b）幕墙排水孔

5.6.3　幕墙端部收口的构造处理

幕墙节点端部收口处理，需要考虑两种材料之间的衔接，以及如何将幕墙端部遮盖起来等问题。一般包括侧端、底部和顶部三大部分。

1. 侧端的收口构造处理

侧端的收口处理主要是如何将最边部的竖杆连接固定并遮挡封闭的方法。侧端收口处理如图 5-48 所示。

2. 底部的收口构造处理

底部收口指的是幕墙横杆与结构水平面接触部位的处理方法，其基本方法是，使横杆与结构胶隔开一段距离，以便安装布置横杆。并且横杆与结构之间的间隙，采用弹性封缝材料做密封和防水处理。底部的收口构造处理如图 5-49 所示。

3. 顶部的收口构造处理

顶部一般为主体结构的上端，不同幕墙构造在此收口的形式不一，但不论采取何种面材的幕墙形式，都需要同时考虑收口、防水及防止幕墙立面污染的问题。有时还要兼顾防雷及景观的要求。

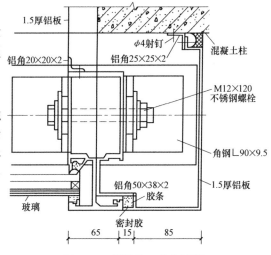

图 5-48　侧端收口节点图例

防水处理中最主要的是按照设计要求选用合格的硅酮密封胶，按照结构主体所在的温度

范围以及结构变形的需要，合理选用不同标准的密封胶。为防止顶部雨水渗透，其胶缝宽度应符合设计要求。在规范中有各类型的胶缝的最小宽度，必须严格遵守。

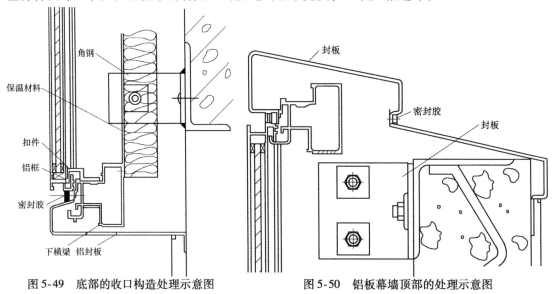

图 5-49　底部的收口构造处理示意图　　　图 5-50　铝板幕墙顶部的处理示意图

　　对于石材幕墙面板中顶部构造的处理，其硅酮耐候密封胶要有耐污染试验合格证明。因为对于顶部的特殊性，要防止不合格胶缝的某些化学物质渗透进石材，对石材的表面造成污染，影响观感和耐久性。

　　对于铝板幕墙的顶部收口也同样要注意铝板幕墙的合理分格、密封要求等。

　　图 5-50 为铝板幕墙顶部的处理方法之一，当然在不同的幕墙顶部构造处理时，收口的处理都有所区别，但是目的和构造方法是一样的，即都必须满足幕墙顶部的防水、防污染和设计的要求。图 5-51～图 5-54 均为石材幕墙的节点收口示意构造图。

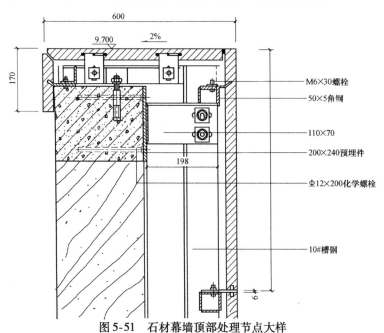

图 5-51　石材幕墙顶部处理节点大样

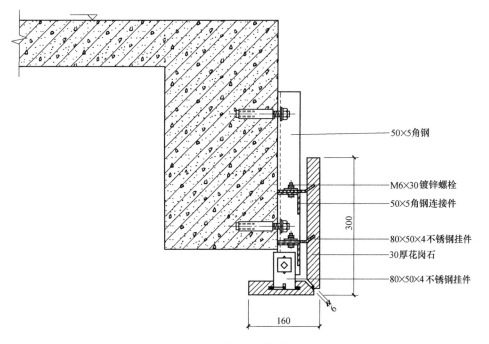

图 5-52　包梁节点石材幕墙大样

- 50×5角钢
- M6×30镀锌螺栓
- 50×5角钢连接件
- 80×50×4不锈钢挂件
- 30厚花岗石
- 80×50×4不锈钢挂件

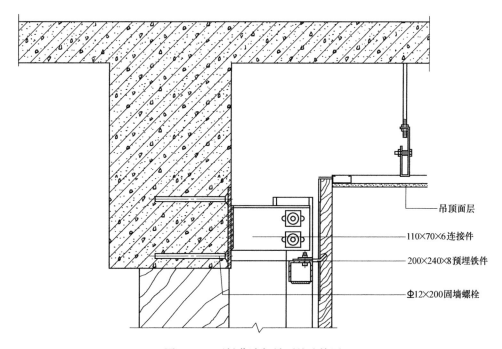

图 5-53　石材幕墙与吊顶处连接图

- 吊顶面层
- 110×70×6连接件
- 200×240×8预埋铁件
- ⊈12×200固墙螺栓

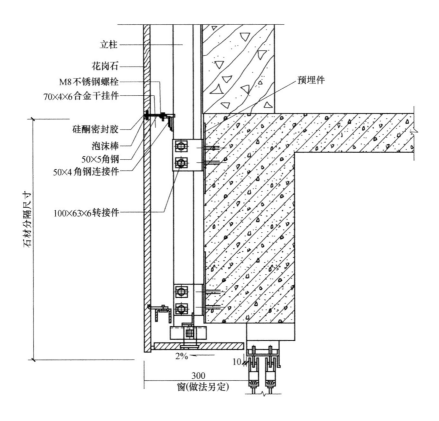

立柱
花岗石
M8不锈钢螺栓
70×4×6合金干挂件
硅酮密封胶
泡沫棒
50×5角钢
50×4角钢连接件
100×63×6转接件
预埋件
石材分隔尺寸
2%
300
窗(做法另定)

图 5-54　石材幕墙与窗户连接示意图

以上图例是不同材料面层在不同的交接收口处的幕墙装饰构造，在具体应用时要特别注意处理面层材料的不同和主体构造部位的不同。

5.6.4　变形缝部位的构造处理

主体建筑在伸缩缝、沉降缝、防震缝等变形缝两侧会发生相对位移，幕墙面板跨越变形缝时容易造成破坏，所以幕墙面板一般不应跨越变形缝。

幕墙在沉降缝部位的构造做法，应适应主体结构的沉降、伸缩的要求，并使该部位的处理既美观又具有良好的防水性能。这在幕墙构造设计要求小节里已经有所了解。

图 5-55 是玻璃幕墙沉降缝处的构造做法举例，在沉降缝左右两侧分别布置竖杆，使幕墙在此部位分开，形成两个独立的幕墙骨架体系，使位移对幕墙面层不产生影响。

由于幕墙面层材料的多样化和各幕墙的力学性能的不同以及规范要求的不同，在幕墙的细部和节点构造设计中远远不止以上这些，但其构造原理和设计要求是相同的。因此通过本节的学习，重点掌握其构造原理，并能在不同的内外墙部位和地区加以实际应用。如彩图 43 所示为内墙和柱面的石材干挂构造图例。

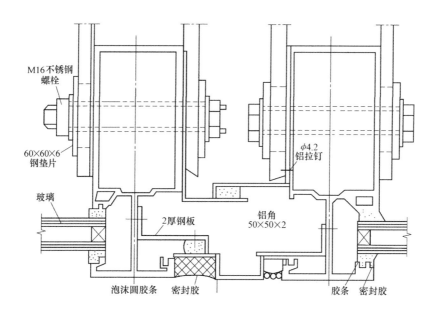

图 5-55 玻璃幕墙沉降缝处的构造示意图

本 章 小 结

建筑幕墙是以装饰板材为基准面,内部框架体系为支撑,通过一定的连接件和紧固件结合而成的建筑物墙面装饰的一种新的形式。

建筑幕墙的面层材料种类有玻璃幕墙、石材幕墙、金属板等多种形式。玻璃幕墙又分为有框式和无框式,有框式中有明框式构造、全隐框式、半隐框式等,无框式幕墙又分为全玻璃幕墙和点支撑幕墙体系。

幕墙的构造应用中最为重要的是细部和节点的处理。在幕墙的材料选用中要遵照幕墙材料的检验标准实施。构造形式的选用要符合设计要求和规范要求。对幕墙的构造设计要求要有系统的了解。

思考题与习题

1. 建筑幕墙的特点是什么?它有哪些作用?

2. 幕墙的主要术语有哪些?

3. 幕墙的材料种类有哪些?

4. 对应相应规范,找出幕墙的密封结构胶材料检验标准。

5. 幕墙的三性试验是什么?

6. 幕墙的物理性能检验内容有哪些?

7. 什么是明框式幕墙?它的构造内容有哪些?

8. 点式支撑幕墙的构造特点是什么?与其他玻璃幕墙的不同有哪些?

9. 简要叙述玻璃幕墙的构造要求。

10. 试叙述金属幕墙的构造特点。

11. 石材幕墙的优缺点是什么？

12. 幕墙的细部构造主要有哪几种？

13. 试绘制幕墙变形缝的构造节点图。

实 训 环 节

观察身边的幕墙构造实例，试进行石材幕墙顶部收口、底部收口节点的绘制，玻璃与铝板组合幕墙的构造节点的绘制。

要求：①绘出节点图，比例1:50；②分别对节点图中的材料的检验标准做简要说明。

第6章 其他装饰及细部构造

学习目标：

1. 掌握特种装饰门窗构造。
2. 掌握如何根据建筑的使用要求，合理地选择隔墙、隔断的类型与构造形式。
3. 掌握不同隔断装饰构造的基本方法。
4. 掌握栏杆、扶手的类型和构造做法。
5. 掌握内墙配件窗帘盒、暖气罩的装饰构造。
6. 了解不同声学构造的用途、特点。

学习重点：

1. 特种装饰门窗的构造。
2. 隔墙、隔断与其他构件之间的连续构造。
3. 栏杆和扶手的连接构造形式。
4. 建筑装饰声学构造。

学习建议：

1. 结合参观已建成的门窗加深理解。
2. 隔墙与隔断对比学习，找异同点。
3. 参与绘制门窗的装饰构造节点图。
4. 参与栏杆、扶手的现场施工。

6.1 特种装饰门窗

6.1.1 旋转门

1. 普通转门

普通转门起到控制人流通行量、防风保温的作用。普通转门采用手动旋转结构，旋转方向通常为逆时针。普通转门主要用在宾馆、酒店、银行等公共建筑中。

普通转门按材质分为铝合金、钢质、钢木三种类型。铝合金转门采用转门专用挤压型材，由外框、圆顶、固定扇和活动扇四部分组成。钢结构和钢木结构中的金属型材为 20 号碳素结构钢无缝异型管，经加工冷拉成不同类型转门和转壁框架。

普通转门的平面和立面，如图 6-1 所示，构造实例如图 6-2 所示。

2. 旋转自动门

旋转自动门属高级豪华门，又称圆弧自动门，如彩图 44 所示，采用声波、微波或红外传感装置和电脑控制系统，传动机构为弧线旋转往复运动。旋转自动门有铝合金和钢质两种，目前多采用铝合金结构，活动扇部分为全玻璃结构。这种门与普通转门相比，其隔声、保温和密闭性能更加优良，具有两层推拉门封闭功效。

自动转门的平面，如图 6-3 所示。

3. 感应电子自动门

电子自动门是利用电脑、光电感应装置等高科技手段发展起来的一种新型、高级自动门。按其感应原理不同可分为微波传感、超声波传感和远红外传感三种类型；其感应方式分为探测传感器装置和踏板传感器装置。感应电子自动门如彩图 45 所示。

感应电子自动门的门扇开启方式有推拉和平开两种。

推拉自动门扇的电动传动系统为悬挂导轨式，地面上装有起止摆稳定作用的导向性轨道，加之有快慢两种速度自动变换，使门扇的起动、运动、停止均能做到平稳、协调。特别是当门快速关闭临近终点时，能自动变慢，实现轻柔合缝。

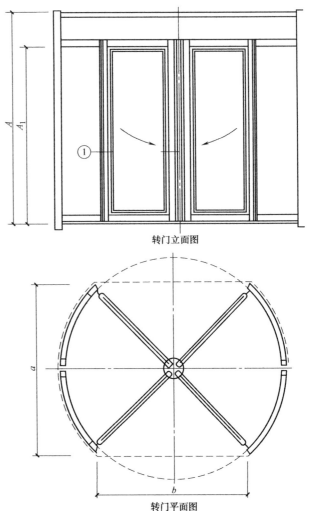

转门立面图

转门平面图

图 6-1　普通转门平面和立面图

平开自动门可根据需要安装成外开或内开方式，这种门最适合于人流的单向通道。

推拉式、平开式自动门装有遇阻反馈自控电路，遇有人或障碍物或被异物卡阻时，门体将自动停止。同时，还设计了遇到停电时门扇能手动开启的机械传动装置。

感应电子自动门立面，如图 6-4 所示。

6.1.2　全玻门装饰构造

地弹簧全玻门是用无框大玻璃作门扇，用地弹簧作为固定连接与开启门扇的装置。玻璃厚度一般在 8mm 以上，具体厚度视门扇的尺寸而定。地弹簧又称地龙或门地龙，是安装于门扇下面的一种闭门装置。当门扇向内或外开启角度不到 90°时，它能使门扇

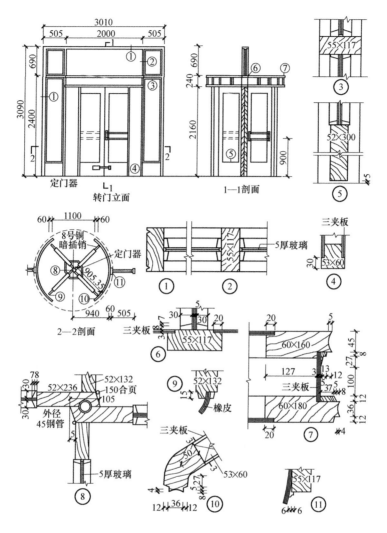

图 6-2 普通转门平面和立面构造

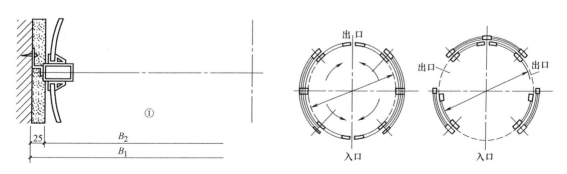

图 6-3 自动转门平面图

自动关闭，而且可调整门扇自动关闭的速度；当门扇开启到90°位置，可保持开启的状态。

这种自动闭门器的主要结构埋于地下，门扇上无需再另安铰链和闭门器等。地弹簧为全封闭结构，有铝面、铜面、不锈钢面等，尺寸有 294mm × 171mm × 60mm、277mm × 136mm × 45mm、305mm × 152mm × 45mm 等几种，如图6-5所示。彩图46 为全玻门装饰实景效果。

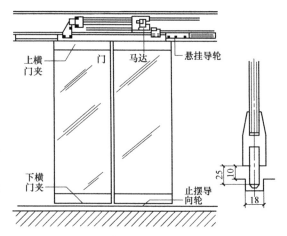

图6-4 感应电子自动门立面图

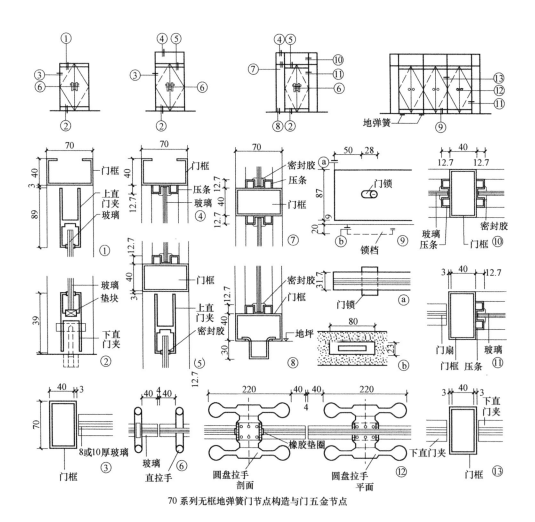

70系列无框地弹簧门节点构造与门五金节点

图6-5 地弹簧及全玻地弹门安装示意图

6.1.3 中式造型窗隔断的装饰构造

窗隔断按风格分为中国传统式、欧美传统式和现代式等。中式传统风格的窗外形美观、形式多样、装饰性强，如图6-6所示。

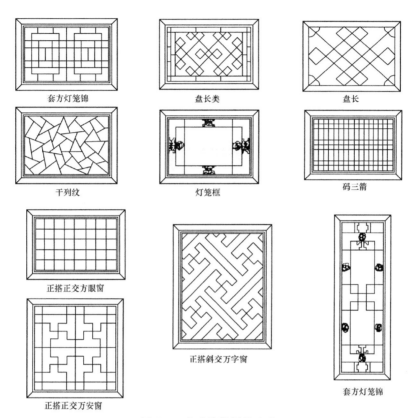

套方灯笼锦　　　　盘长类　　　　盘长
千列纹　　　　灯笼框　　　　码三箭
正搭正交方眼窗
正搭斜交万字窗
正搭正交万安窗　　　　　套方灯笼锦

图6-6　中式传统风格木窗

木窗由于木材本身不耐风雨侵蚀、维护复杂，一般不用做建筑外窗，只有当建筑装饰需要特定的效果时才选用，尤以中国传统式、日式、韩式风格采用较多。木装饰窗作外窗时，多配以出挑较大的檐口以遮雨，如图6-7所示。

传统木窗安装在内墙上时，多采用固定窗形式，主要起到装饰效果，称为什锦窗，以取得隔而不绝的效果，其外形有多边型、环形、扇形、不规则形等。什锦窗的窗扇可做成通透的，可安装玻璃，还可做成夹层式，里面安装灯具，什锦窗安装时周边应镶贴脸（类似窗套），如图6-8和彩图47木隔断造型所示。

6.1.4 橱窗

橱窗是商业建筑用以展示商品的陈列空间。橱窗有敞开式、半敞开式，可根据陈列物品的性质确定其构造形式。橱窗的尺寸选择，除了考虑陈列品本身尺寸以外，还应考虑视觉效果的因素，图6-9为橱窗陈列面分布图。橱窗陈列品展览面高度以离地800mm为最佳，一般为300～450mm，深度为600～1200mm。

　　橱窗要考虑防雨、遮阳、通风、采光及橱窗玻璃对凝结水的处理以及灯光布置等问题。封闭式橱窗应设小门，小门尺寸一般为 700mm×1800mm，小门设在橱窗侧面为好。沿街橱窗一般依两柱或砖墩间设置，也可设于外廊内。橱窗框料一般为木、钢、铝合金和不锈钢四种。玻璃一般采用 6mm 厚以上，玻璃的最大宽度可超过 2m。玻璃间为平接，过高可用铜或其他金属夹逐段相连，也可以设中槛（横挡）分隔。玻璃较大时，宜采用硅胶填缝，以增加其透明度。为便于橱窗的安装，砖墩、钢筋混凝土柱、过梁内应逐段设置预埋木砖、铁件或螺母套管。橱窗构造及节点做法，如图 6-10 所示。

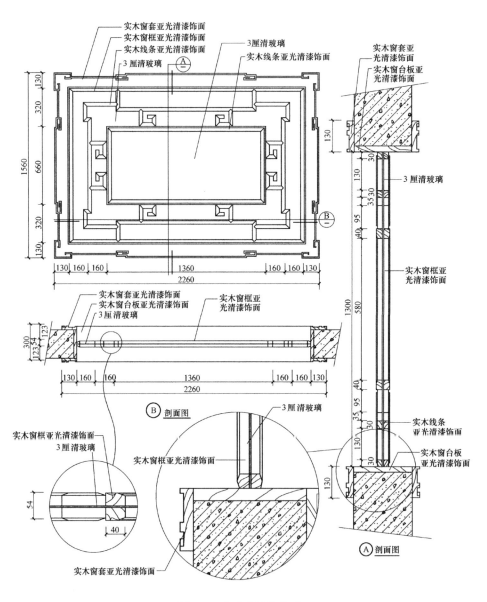

图 6-7　中式窗装饰构造

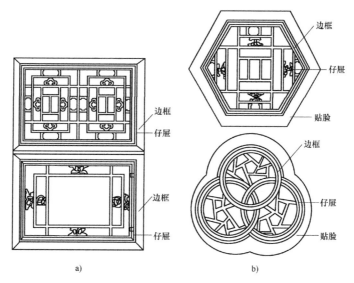

图 6-8　什锦窗形式

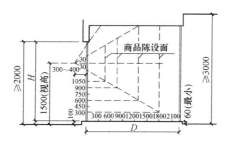

图 6-9　橱窗陈列面分布图

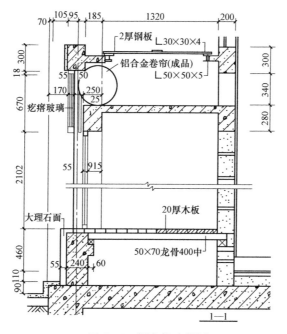

图 6-10　橱窗构造举例

133

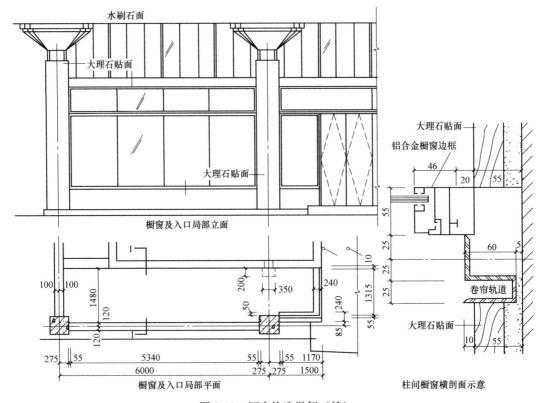

图6-10 橱窗构造举例（续）

6.2 隔墙与隔断构造

隔墙与隔断是为满足使用功能的需要，通过设计手段并采用一定的材料来分隔房间，对建筑物内部空间做更深入、细致的划分，使得空间更丰富，功能更完善，更具装饰性。它们的设置与运用，是建筑设计进一步的深入和完善。

隔墙与隔断都是具有分隔建筑空间的功能和装饰作用的非承重构件，其主要区别表现在分隔空间的程度和特征上。一般说来，隔墙是到顶的实墙，因此它不仅能限定空间的范围，还能在较大程度上满足隔声、阻隔视线等要求。与隔墙相比，隔断是镂空的或活动的，它限定空间的程度比较小，在空间的变化上，可以产生丰富的意境效果，增加空间的层次和深度，使空间既分又合，给人以似隔非隔、似断非断的感觉。隔墙与隔断的区别还表现在它们的拆装灵活性不同。隔墙一旦设置，往往具有不可更改性，至少是不能经常变动的，而隔断多数应当是比较容易移动和拆装的，可以在必要时重新划分空间或使被分隔的空间连通成一个整体。

由于隔墙与隔断均为非承重构件，其自身重量要由其他构件承受，因而对其基本要求是：

（1）自重轻，有利于减轻楼板荷载。

（2）厚度薄，少占建筑的有效使用空间。

（3）便于移动、拆卸，能随使用功能的改变而变化。

（4）对隔墙要求有一定的隔声能力，使各使用房间互不干扰，并根据所处部位的不同，满足防水、防潮、防火等特殊要求。

（5）对隔断要求根据分隔空间的性质确定具体形式，一般要求空透且款式新颖、美观，与室内环境装饰相协调。

6.2.1　隔墙构造

隔墙的类型很多，按其构造方式可分为骨架式隔墙、板材式隔墙、块材式隔墙、活动隔墙和固定式隔墙。

1. 骨架式隔墙

骨架式隔墙是指以隔墙龙骨作为受力骨架，两侧安装罩面板形式墙体的轻质隔墙。常见的隔墙龙骨有轻钢龙骨、石膏龙骨、木龙骨以及其他金属龙骨等。

（1）轻钢龙骨纸面石膏板隔墙。隔墙轻钢龙骨是以轻质隔墙骨架为支承材料。隔墙轻钢龙骨具有自重轻，刚度大，防火、抗震性能好，适应性强等特点。轻钢龙骨隔墙构造如图 6-11 所示。

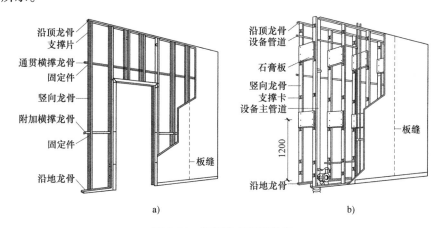

图 6-11　轻钢龙骨隔墙构造

a）单排轻钢龙骨隔墙构造　b）双排轻钢龙骨隔墙构造

纸面石膏板是以建筑石膏为主要原料，掺加适量的添加剂和纤维制成板芯，与特种护面板结合起来的一种建筑材料。

骨架与纸面石膏板的连接固定方法主要有两种：一是用自攻螺钉固定；二是用胶粘剂黏结固定。相邻石膏板的接缝形式主要有平缝、压条缝和明缝三种。平缝是采用腻子及接缝带抹平，形成无缝处理，平缝应用较普遍；压条缝是采用木压条、金属压条或塑料压条压在缝隙处，既能遮掩板缝处的开裂，又具有独特的装饰效果；明缝是将石膏板间的拼缝用腻子勾成一定宽度的凹缝，或在接缝处压进金属压条或塑料压条形成凹缝，以获得独特的隔墙装饰效果。采用平缝应选用有倒角的石膏板，压条缝和明缝应选用无倒角的石膏板，板缝构造如图 6-12 所示。

（2）石膏龙骨纸面石膏板隔墙。石膏龙骨是以浇注石膏适当配以纤维筋或用纸面石膏板复合、粘贴、切割而成的石膏板隔墙骨架材料。石膏龙骨隔墙的连接构造如图 6-13 所示。

石膏龙骨与纸面石膏的连接方法主要是用胶粘剂黏结固定，也可以用螺钉连接固定。纸面石膏板通常采用纵向安装，安装时龙骨两侧的石膏板应错缝。做双层石膏板时，面层板与基层板的板缝要错开，基层板的板缝用胶粘剂或腻子填平。板缝处理见轻钢龙骨与石膏板板缝构造图。

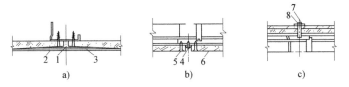

图 6-12　板缝构造

a）无缝处理　b）明缝处理　c）压缝处理

1—石膏腻子填缝　2—穿孔纸带　3—石膏腻子　4—铝合金压条
5—自攻螺钉　6—纸面石膏板　7—铝合金压条　8—平圆头自攻螺钉

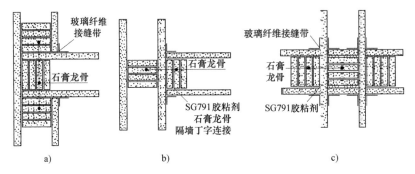

图 6-13　石膏龙骨隔墙的连接构造

a）丁字形连接一　b）丁字形连接二　c）十字形连接

（3）木质隔墙。木质隔墙是以木龙骨为骨架，以胶合板、硬质纤维等为罩面板的分隔墙。它厚度薄、自重轻、构造简单、装拆方便，故应用较广，但其防火、防潮性能差，并且耗用木材较多。木骨架构造和木骨架与木门框连接固定的构造分别如图 6-14 和图 6-15 所示。

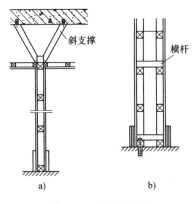

图 6-14　木骨架构造

a）单层木骨架　b）双层木骨架

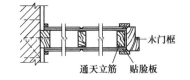

图 6-15　木骨架与木门框的连接构造

2. 板材式隔墙

板材式隔墙是指不需要设置隔墙龙骨，由隔墙板材自承重，将预制或现制的隔墙板材直接固定于建筑主体结构上的隔墙工程。在必要时，也可按一定间距设置一些竖向龙骨，以增加其稳定性。目前采用的板材是各种材料的条板（如加气混凝土条板、石膏条板、碳化石灰板、泰柏板等），以及各种复合板（如纸面蜂窝板、纸面草板等）。

（1）泰柏板隔墙。泰柏板是由 φ2 低碳冷拔镀锌钢丝焊接成三维空间网笼，中间填充聚苯乙烯泡沫塑料构成的轻质板材。泰柏板厚约为 70mm、宽为 1200 ~ 1400mm、长为 2100 ~ 4000mm。它自重轻、强度高、保温、隔热性能好，具有一定隔声能力和防火性能（耐火极限为 1.22h）。它还具有较好的可加工性，易于裁剪和拼接。板内还可预设管道、电器设备、门窗框等，故广泛用作工业与民用建筑的内、外墙，轻型屋面以及小开间建筑的楼板等。

泰柏板与主体结构的连接方法是通过 U 码或钢筋码连接件连接。在主体结构墙面、楼板顶面和地面上钻孔，用膨胀螺栓固定 U 码或用射钉固定，U 码与泰柏板用箍码连接；或在泰柏板两侧用钢筋码夹紧，并用镀锌钢丝将两侧钢筋码与泰柏板横向钢丝绑扎牢固。泰柏板墙的构造如图 6-16 ~ 图 6-18 所示。

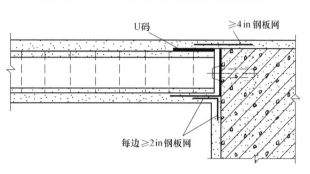

图 6-16　泰柏板墙与实体墙连接

（2）石膏空心条板隔墙。石膏空心条板是以天然石膏或化学石膏为主要原料，也可掺加适量粉煤灰和水泥，加入少量增强纤维，经料浆拌合、浇筑成型、抽芯、干燥等工艺制成的轻质板材。它具有质轻、高强、隔热、隔声、防火等性能，可加工性能好，可锯、可刨、可钻，施工方便。石膏空心条板可用于工业和民用建筑的内隔墙。

石膏空心条板隔墙主要有两种形式，单层石膏空心条板隔墙和双层石膏空心条板隔墙。双层板隔墙中一般填充保温、隔声材料。

石膏空心条板通常采用纵向安装，条板与楼板（或梁）底面一般采用刚性连接，构造如图 6-19 条板与模板（梁）的刚性连接所示。地震区宜采用柔性连接，即在条板上端面用 U 形钢板卡定位，再用石膏胶泥黏结固定，如图 6-20 条板与楼板（梁）的柔性连接所示。条板与楼地面的连接一般采用下楔法，即下部用木楔楔紧后灌填干硬性混凝土，如图 6-21 条板与楼地面的连接所示。条板侧边与墙柱相连处，条板与条板之间用石膏胶泥或胶水泥砂浆粘接，构造如图 6-22 条板与墙

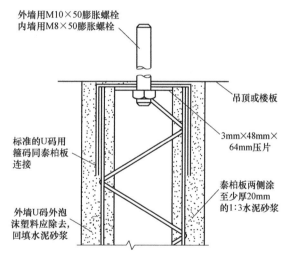

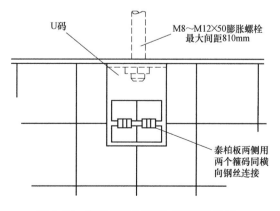

图 6-17　泰柏板墙与楼板或吊顶的连接

的连接构造、图 6-23 板与板的连接构造所示。

3. 块材式隔墙

块材式隔墙是指采用普通黏土砖、轻质砌块、玻璃砖等块状材料通过水泥砂浆、胶粘剂等黏结组砌而成的非承重墙。

块材式隔墙取材方便、造价低廉、构造简单、施工方便，具有一定的防火、隔声及防潮能力。但自重较大，整体性较差，湿作业多，不宜拆装，使用时应注意块材之间的结合、墙体的稳定性、墙体自重及刚度、墙体对主体结构的影响等问题。

块材式隔墙按其使用的材料可分为：普通黏土砖隔墙、轻质砌块隔墙和玻璃砖隔墙。普通黏土砖隔墙在实际工程中已很少采用；轻质砌块主要有加气混凝土砌块、水泥炉渣空心砖、粉煤灰硅酸盐砌块、石膏砌块等。轻质砌块隔墙因其材料特性仍在工业与

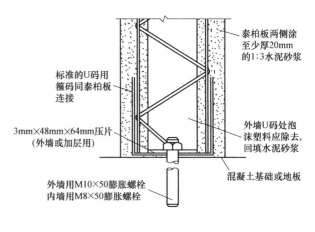

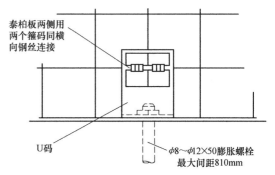

图 6-18　泰柏板墙与地面的连接

民用建筑中广泛采用；玻璃砖隔墙采用新材料、新工艺，具有墙面新颖美观、造型独特、重量较轻等优点而在装饰工程中广泛使用。下面以加气混凝土砌块为例加以介绍。

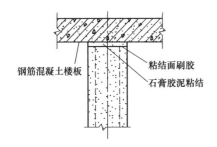

图 6-19　条板与楼板（梁）的刚性连接

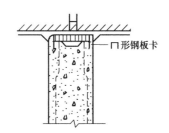

图 6-20　条板与楼板（梁）的柔性连接

加气混凝土砌块是以硅质材料（如砂、粉煤灰、尾矿粉等）和钙质材料（如水泥、石灰等）为主要原料，以铝粉或双氧粉为发气剂，经蒸压养护工艺制成的轻质多孔材料。它具有密度小、保温性能好、吸声好、有一定的机械强度、可加工性能好等优点。

加气混凝土砌块隔墙坚固耐久，自重轻，隔热性能好，但湿作业多，不宜拆装。加气混凝土隔墙的隔声性能较差，隔声要求高的房间不能采用，厨房、厕所等潮湿环境以及有化学侵蚀的环境或高温环境不宜采用。

加气混凝土砌块作隔墙时多采用立砌，隔墙厚度由砌块尺寸而定。加气混凝土极易吸

湿，因此砌筑时应先在墙下砌 3~5 层普通黏土砖。砌块式隔墙构造做法如图 6-24 所示。

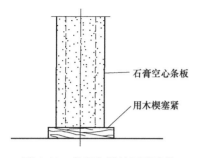

图 6-21　条板与楼地面的连接

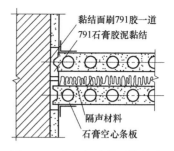

图 6-22　条板与墙的连接构造

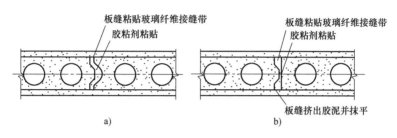

图 6-23　板与板的连接构造

a) 条板与条板的连接　b) 板与补板的连接

4. 活动隔墙

活动隔墙是一种能够随意开合、使用灵活方便的隔墙，闭合时能把大空间分隔成小空间，起到限定空间、遮挡视线、隔声等作用，打开后又可将小空间恢复成大空间。

常用活动隔墙按构造不同，可分为拼装式活动隔墙、推拉式活动隔墙、折叠式活动隔墙、卷帘式活动隔墙等；按隔扇材质可分为木质隔扇、塑料隔扇、金属隔扇等；其中以推拉式木隔

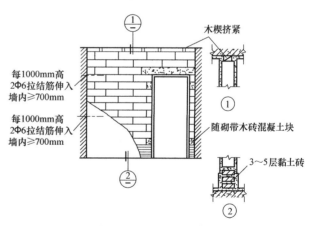

图 6-24　砌块式隔墙构造

扇活动隔墙使用最普遍。推拉式活动隔墙又可以分为单向推拉、双向推拉两种形式。图 6-25 所示为推拉式活动隔墙的几种常见类型。

推拉式活动隔墙主要由隔扇、滑轮和导轨几部分组成。滑轮部分包括滑轮和吊装架（门吊铁、回转螺轴），一般选用成品。隔扇一般为木质的，其构造、制作工艺与木门相同，有镶板式和夹板式两种，现采用夹板式较多，即在木骨架两面贴罩面板，并可在骨架内设隔声层。隔扇可以是独立的，也可以用铰链连接起来。铰合方式有单对铰合和连续铰合两种。

根据滑轮与导轨的设置不同，推拉式活动隔墙又可分为悬吊导向式和支撑导向式。

悬吊导向式是在隔扇顶面上设置滑轮，并与上部悬吊的导轨连接，从而形成隔墙上部支撑

点，使隔扇重量由滑轮和导轨承担，并传递给上部主体结构。悬吊导向式活动隔墙如图 6-26 所示。

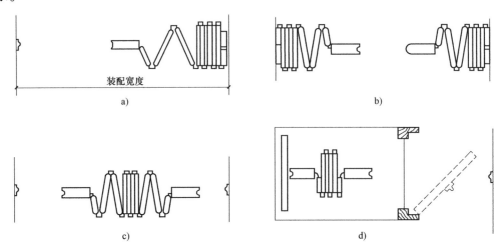

图 6-25 推拉式活动隔墙的几种常见类型

a）单向推拉式活动隔墙　b）双向推拉式活动隔墙（两侧固定中心结合）
c）双向推拉活动隔墙（两侧移动式结合）　d）单向推拉内藏式隔墙

支撑导向式是将滑轮安装在隔扇底面上，并与楼地面上设置的轨道连接，从而构成隔墙下部支撑点，以支撑隔扇重量并使隔扇沿轨道滑动，如图 6-27 所示。

5. 固定式隔墙

固定式隔墙是指与主体结构有可靠连接，不能随意移动位置的家具，如壁柜、书柜、装饰柜、服务台、吧台等。这种隔墙在室内空间中不仅具有储藏等特定的使用功能，同时又起到限定空间、分隔空间、美化空间的作用。下面以木质壁柜为例加以介绍。

木质壁柜的构造主要有两种形式：一是板框结合式，即采用木方料榫卯连接形成壁柜框架，用胶合板、纤维板等木质材料作外封板，表面可直接作涂料涂饰或再用胶粘剂粘贴微薄木等装饰面板，其侧边用木条、塑料条等进行封边收口；二是板式结构，即用细木工板、中密度板等木质板材钉或用连接件连接

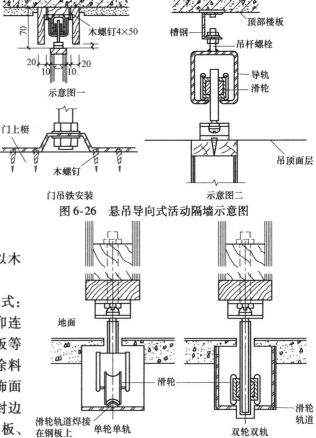

图 6-26 悬吊导向式活动隔墙示意图

图 6-27 支撑导向式活动隔墙示意图

形成壁柜框架，表面用胶粘剂贴微薄木等装饰面板，侧边用封边木条、塑料条等进行封边收口。

壁柜门通常采用的开启方式有平开门和推拉门两种，常见的木壁柜构造如图 6-28 和图6-29所示。

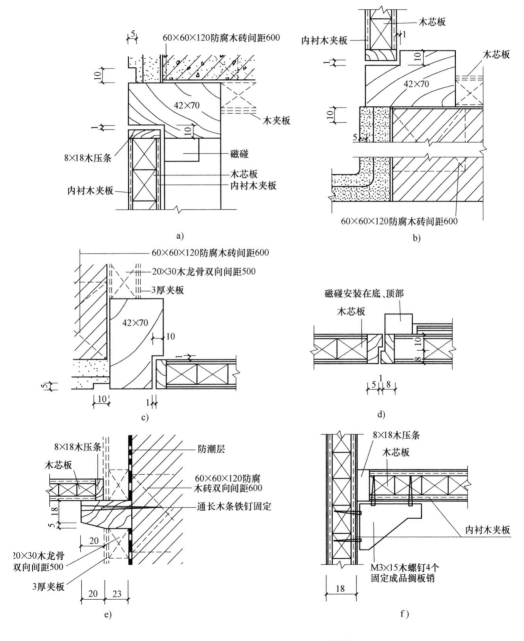

图6-28 木质壁柜（平开门）细部构造

a）上部构造 b）下部构造 c）壁柜与墙的连接 d）柜门门缝构造

e）搁板构造 f）搁板构造二

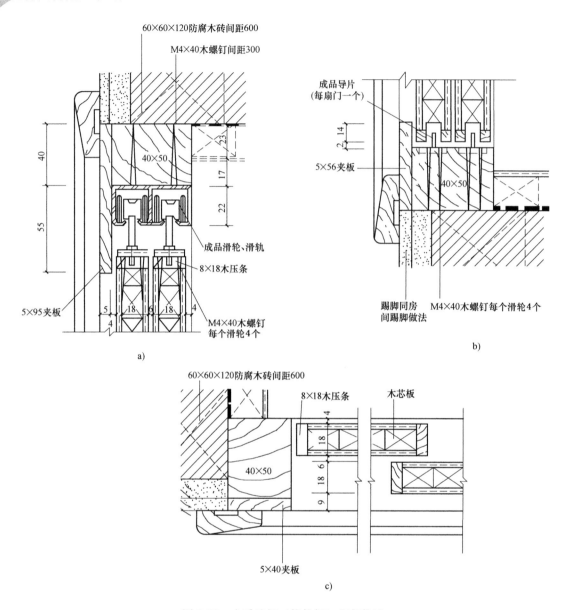

图 6-29　木质壁柜（推拉门）细部构造
a）上部构造　b）下部构造　c）壁柜与墙体连接构造

6.2.2　隔断构造

隔断的形式很多，常见的有家具式隔断、屏风式隔断、移动式隔断和空透式隔断等。

1. 家具式隔断

家具式隔断系利用各种适用的室内家具将较大的室内空间分隔成多个功能不同的小空间。它们之间有分有合，由于空间的流动性使得室内空间感觉上并未缩小，且增加了对相邻空间的联想，如图 6-30 所示。

家具式隔断把空间分隔与功能使用以及家具配套巧妙地结合起来，既节约费用，又节省

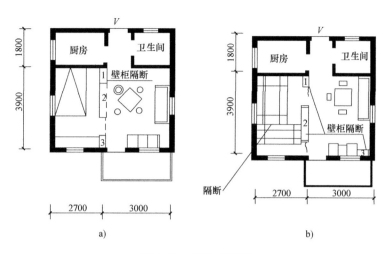

图 6-30 家具式隔断

面积；既提高了空间组合的灵活性，又使家具布置与空间相协调，这种形式的隔断多用于住宅的室内设计以及办公室的分隔等处。

家具式隔断的构造与一般家具构造相同，在此不予介绍。

2. 屏风式隔断

屏风式隔断通常是不到顶的，因而空间通透性强，它在一定程度上起着分隔空间和遮挡视线的作用，而隔声问题并非其所要解决的问题，常用于办公楼、餐厅、展览馆以及医院的诊室等公共建筑中。厕所、淋浴间等也多采用这种形式。

从构造上，屏风式隔断有固定式和活动式两种。

固定式屏风隔断可以分为预制板式和立筋骨架式。预制板式隔断通过预埋件与周围墙体和地面固定；而立筋骨架式屏风隔断则与隔墙构造相似，它可在骨架两侧铺钉面板，亦可镶嵌玻璃。屏风式隔断的高度一般为1050~1800mm，构造如图 6-31 所示。

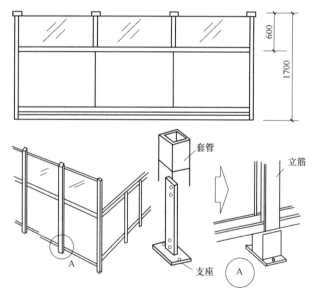

图 6-31 屏风式隔断

活动式屏风隔断可以分为独立式和联立式两类。独立式屏风隔断的做法，一般是采用木骨架或金属骨架，骨架两侧钉胶合板或纤维板，外面以尼龙布或人造革包衬泡沫塑料，周边可以直接利用织物作缝边，也可另加压条。最简单的支承方式是在屏风扇下安装一金属支架，支架可以直接放在地面上；也可在支架下安装橡胶滚动轮或滑动轮，这样移动起来更方便。联立式屏风隔断的构造做法与独立式基本相同。不同之处在于联立式屏风隔断无支架，而是靠扇与扇之间连接形成一定形状站立。传统连接方法是在相邻扇侧边上装铰链，但移动不方便；现多采用顶部连接件连接，这种连接件可保证随时将联立屏风拆成单独屏风扇。

3. 移动式隔断

移动式隔断是可以随意闭合和开启、使相邻的空间随之变化成独立的或合一的空间的一种隔断形式。它具有灵活多变的特点，且关闭时，也能起到分隔空间、隔声和遮挡视线的作用。

移动式隔断的类型很多，按其启闭方式可分为五大类：拼装式、直滑式、折叠式、卷帘式和起落式。下面介绍常见的移动式隔断的构造做法。

（1）拼装式隔断。拼装式隔断由若干独立的隔扇拼成，不需左右移动，所以没有导轨和滑轮。图6-32所示为拼装式隔断的立面图和主要节点图。由图可知，隔扇多用木框架，两侧粘贴纤维板或胶合板，也有一些另贴塑料饰面或包人造革。为装卸方便，隔断的上部设置一个通长的上槛，断面为槽形或丁字形。采用槽形时，隔扇的上部较平整，采用丁字形时，隔扇上部应设一道较深的凹槽。不论采用哪一种上槛，都要使隔扇的顶端与平顶保持50mm左右的间隙，因为只有这样才能保证装卸的方便。隔扇的下部照常做踢脚。底下可加隔声密封条或直接将隔扇落在地面上，能起到较好的隔声效果。从平面上，可在两侧板中间设隔声层，并将两扇的侧边做成企口缝。隔扇的一端要设一个槽形补充件，其形式和大小同上槛，作用是便于人们操作，

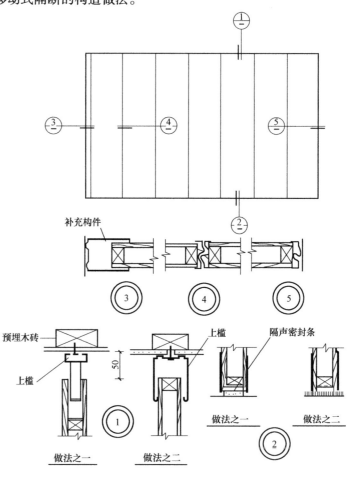

图6-32 拼装式隔断

并在装好后，掩盖住隔扇与墙（柱）面的缝隙。

（2）直滑式隔断。直滑式隔断也有若干扇，这些扇可以各自独立，也可用铰链连接到一起。独立的隔扇可以沿着各自的轨道滑动，但在滑动中始终不改变自身的角度，沿着直线开启与关闭。

直滑式隔断单扇尺寸较大，扇高为3000～4500mm，扇宽为1000mm左右，厚度为40～

60mm，做法与拼装式隔扇相同。隔扇的固定方式有悬吊导向式固定和支承导向式固定（图6-33）。支承导向式固定方式的构造相对简单，安装方便。因为支承构造的滑轮固定在隔扇下端，与地面轨道共同构成下部支承点，并起转动或移动隔扇的作用。而上部仅安装防止隔扇摆动的导向杆，省却了一套悬吊系统。现行的梭门和吊轨门即是此例构造的沿用。

悬吊导向式固定隔扇与地面间的缝隙可用多种方法来掩盖：①是在隔扇下端设两行橡胶密封刷；②是在隔断的下端做凹槽，在凹槽内分段放置密封槛，密封槛借隔扇的自重紧压在地面上。

（3）折叠式隔断。折叠式隔断可以像手风琴的风箱一样伸展和收拢，主要由轨道、滑轮和隔扇三部分组成。按其使用材料分，有硬质和软质两类。前者是由木隔扇或金属隔扇构成的，隔扇之间用铰链连接；后者是用棉、麻织品或橡胶塑料制品制作的。

硬质隔断的隔扇是采用木框架或金属框架，两面各贴一层木质纤维板或其他轻质板材，在两层板的中间夹隔声层而制成的；软质折叠移动式隔断大多是双面的，这种隔断的面层可为帆布或人造革，面层的里面加设内衬。软质隔断的内部一般没有框架，采用木立柱或金属杆，木立柱或金属杆之间设置伸缩架，面层固定于立柱或立杆上。

折叠式隔断根据滑轮和导轨的

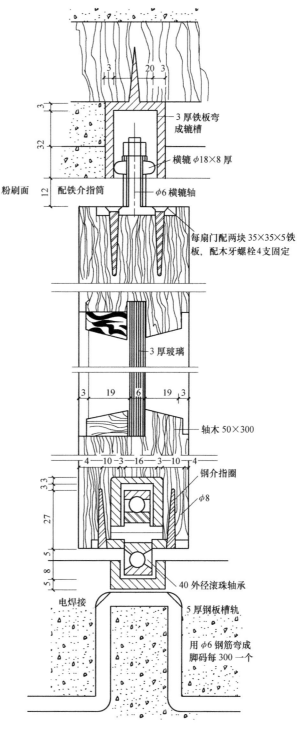

图 6-33 隔扇的固定方式

不同设置，又可分为悬吊导向式、支撑导向式和二维移动式三种不同的固定方式。悬吊导向式和支撑导向式构造方式同直滑式隔断的做法，如图6-34所示。二维移动式固定构造如图6-35所示。二维移动式隔断的优点是，不仅可像一般的移动式隔断一样在某一特定的位置通过线性运动对空间进行分隔，而且可以根据需要变动隔断的位置，从而使对空间的划分更加灵活。换句话说，它既具有移动式隔断的稳定性好、装饰性强和限定度较高的特点，又具有屏风式隔断的可移动性和灵活性高的优点。

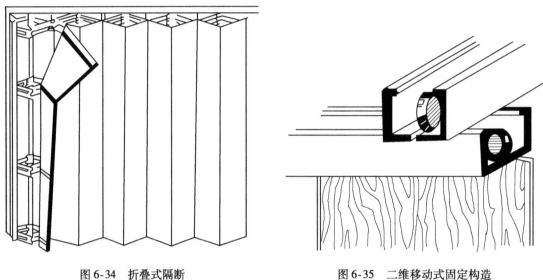

图 6-34　折叠式隔断　　　　　　　　图 6-35　二维移动式固定构造

4. 空透式隔断

所谓空透式隔断是指那些以限定空间为主，以隔声、阻隔视线为辅，甚至不隔声、不隔视线的隔断。空透式隔断能够增加空间的层次和深度，使室内产生丰富的艺术效果，具有很强的装饰性，广泛用于宾馆、商店、展览馆等公共建筑和住宅建筑中。

空透式隔断从形式上分，有花格、落地罩、飞罩、隔扇和博古架；从所用材料上分，有木制、竹制、水泥制品、玻璃及金属制品。

（1）水泥制品隔断。水泥制品隔断是用混凝土或水磨石花格拼装而成的隔断，如图6-36所示。

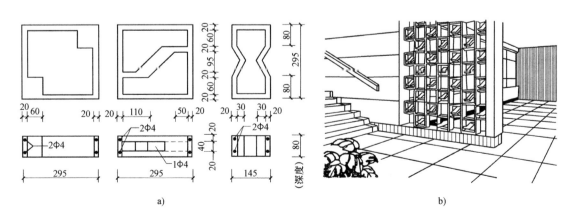

a)　　　　　　　　　　　　　　　　b)

图 6-36　水泥制品空透隔断
a) 单一或多种构件拼装　b) 竖向混凝土板组装

　　水泥制品花格可用单一构件或多种构件拼装而成，拼装高度不宜大于 3m；也可以用竖向混凝土板中间加多种花格组装而成。

　　拼装构件的拼装方法多采用预留孔插筋连接、榫接等，构件与地面及上部大梁之间可用榫接、焊接或在板端预留钢筋，与梁底立筋焊接在一起。

　　（2）竹木花格空透隔断。竹木花格隔断轻巧、玲珑剔透，容易与绿化相配合，一般用在古典建筑、住宅、旅馆中，如图 6-37 和图 6-38 所示。

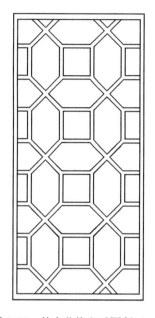

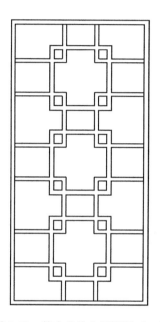

图 6-37　竹木花格空透隔断（一）　　　　　图 6-38　竹木花格空透隔断（二）

　　竹、木空透隔断的种类很多，一般用条板和花饰组合，常用的花饰用硬杂木、金属或有机玻璃制成。

　　空透竹隔断采用质地坚硬、粗细匀称、竹身光洁、直径在 10～50mm 之间的竹子制作。竹子接合的方法以竹销钉接合为主，此外还有套、塞、穿、钉接、钢销、烘弯结合及胶接合等方法，如图 6-39 所示。

　　空透木隔断的木料多为硬杂木，木材的接合方式以榫接为主，另外还有胶接、钉接、销接、螺栓连接等方法，如图 6-40 所示。

　　（3）金属花格空透隔断。金属花格纤细、精致、空透，用于室内隔断十分美观。如果嵌入彩色玻璃、有机玻璃、硬木等，则更显富丽。金属花格空透隔断（图 6-41）一般用于装饰要求较高的住宅及公共建筑中。

　　金属花格的成型方法有两种：一种为浇铸成型，即借模型浇铸出铁、铜、铝等花格；另一种为弯曲成型，即用扁钢、钢管、钢筋等弯成大小花格。花格与花格、花格与边框可以焊接、铆接或螺栓连接，隔断上可另加有机玻璃等装饰件。金属花格本身还可以涂漆、烤漆、镀铬或鎏金。

　　（4）玻璃空透隔断。玻璃隔断包括两大类：一类是以木料或金属为框格，中间镶嵌大量玻璃；另一类是全用玻璃砖构成的。玻璃隔断有一定的透光性和装饰性，具

147

有空透、明快、色彩艳丽等特点，在公共建筑和居住建筑中使用较多，如图 6-42 所示。

　　以木料或金属作格构，中间镶嵌玻璃的隔断，可以采用木压条或金属压条。所用玻璃可以是普通玻璃，也可以是压花玻璃磨砂玻璃、彩色玻璃或刻花玻璃。

　　玻璃砖隔断系全用玻璃砖砌成。基本做法是：在底座、顶梁和边柱中甩出钢筋，在玻璃砖中间架上纵横交错的钢筋网，使纵横钢筋与甩出钢筋相连接，钢筋两侧用白水泥勾缝，经养护，即成光滑的分格线，如图 6-43 所示。

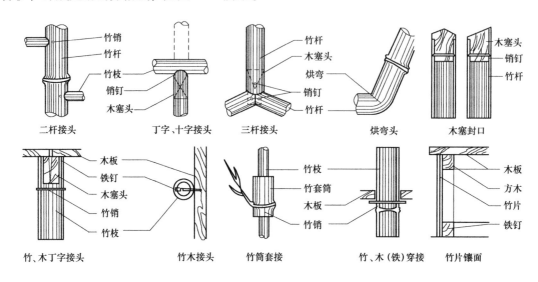

图 6-39　竹花格的连接

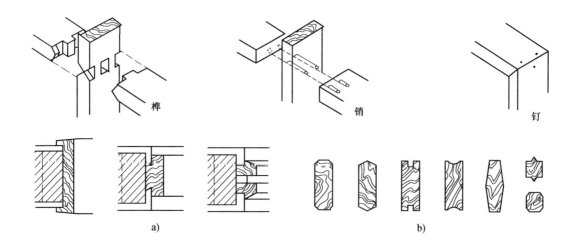

图 6-40　木花格的连接

a）榫接方式示意图　b）榫接断面示意图

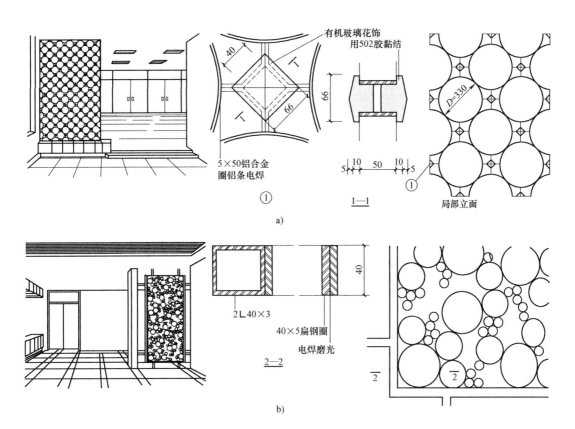

图 6-41　金属花格空透隔断

a）圆形铝金花格　b）散点图案铁花格

图 6-42　玻璃花格空透隔断示意图

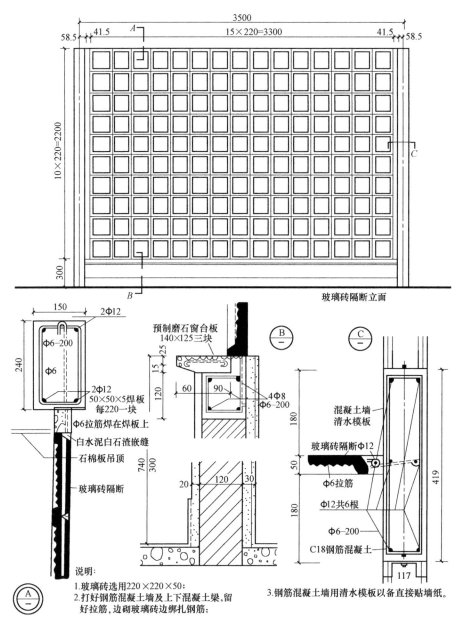

图 6-43　玻璃砖隔断示意图

6.3　护栏和扶手装饰构造

栏杆、栏板和扶手是在楼梯与平台边等处所设的安全设施，也是建筑中装饰性很强的构件。栏杆、栏板与扶手组合后应有一定的强度，能承受一定的水平推力，坚固耐久，构造简单，造型美观。较宽的楼梯，在靠墙边还要安装靠墙扶手。

6.3.1　楼梯扶手

楼梯扶手位于栏杆顶面，或安装于公共空间墙侧，用于行人倚扶。扶手一般用木材、金属管材、塑料制品等制作。栏板的扶手也可用石材进行装饰。

1. 木扶手

木扶手采用传统装饰制作工艺，因为手感好且美观大方，所以应用较为广泛。木扶手的断面形式很多，应根据楼梯的大小、位置及栏杆的材料与式样来选择。

2. 金属管扶手

金属管扶手采用普通焊管、无缝钢管、铝合金管、铜管或不锈钢管。转角弯头、装饰件、法兰等均为工厂的产品。金属管扶手需要现场焊接安装。钢管扶手表面采用涂涂料处理，铜和不锈钢扶手采用抛光处理。

3. 石板材扶手

石板材扶手主要是指用大理石、花岗石、水磨石等板材镶贴成的扶手饰面。板材可按设计要求在工厂加工，用水泥砂浆粘贴在混凝土栏板上。

楼梯扶手横截面类型如图 6-44 所示。

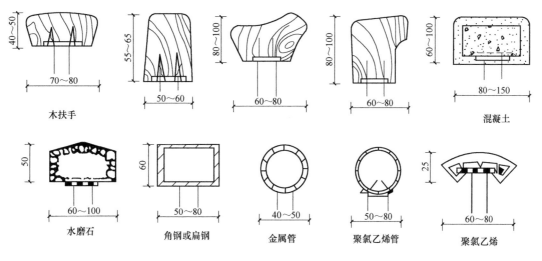

图 6-44　楼梯扶手横截面类型

靠墙需做扶手时，常用铁脚使扶手与墙连接起来。做法一般是：在墙上预留 120mm × 120mm × 120mm 的孔洞，将栏杆铁件伸入洞内，再用混凝土或砂浆填实，如图 6-45 所示。

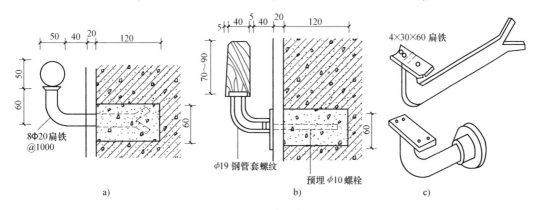

图 6-45　靠墙扶手

在楼梯转折处,应注意扶手高差的处理。在楼梯的平台转弯处,上行楼梯段和下行楼梯段的第一个踏步口,常设在一条线上。如果平台处栏杆紧靠踏步口设置,则栏杆扶手的顶部高度突然变化,扶手需做成一个较大的弯曲线,即所谓鹤颈扶手,才能使上下相连。

常用方法有以下几种:

(1)将平台处栏杆伸出踏步口线约半步,这时扶手连接较顺,但这样处理使平台在栏杆处的净宽缩小了半步宽度,可能造成搬运物件的困难。

(2)将下行楼梯的最后一级踏步退缩一步,这样扶手的连接也较顺,但增加了楼梯间的长度。

(3)将上下行扶手在转弯处断开,各自收头,互不连接,不过在结构上还是要设法在侧面互相连接,以加强其刚度。具体使用哪种方法要视实际情况而定。

6.3.2 楼梯栏杆

楼梯栏杆按材料可分为:木栏杆、金属栏杆、铁栏杆等。楼梯栏杆示意如彩图48所示。

1. 木栏杆

木栏杆由木扶手、拉柱或车木立柱、梯帮三部分组成,形成木楼梯的整体护栏。车木立柱是木栏杆中起装饰作用的主要构件,其形式如图6-46a所示。木扶手转角木依据转向栏杆间的距离大小来确定木扶手转角采用整体连接还是分段连接,如图6-46b所示为木扶手转弯处的连接。

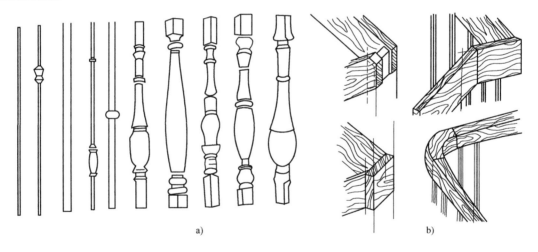

图6-46 木栏杆形式

a)车木立柱的形式 b)木扶手转弯处的连接

2. 金属栏杆

金属栏杆按材料组成分为全金属栏杆、木扶手金属栏杆、半玻半金属栏杆三种类型。常用的金属立柱材料有圆钢、方钢、圆钢管、方钢管、扁钢、不锈钢管、铜管等。栏杆式样应根据安全适用和美观要求来设计,金属栏杆形式如图6-47所示。

栏杆与楼梯段或平台应有牢固的连接,它们大多采用焊接或螺栓连接。栏杆立柱与楼梯段的连接一般是焊接在预埋件上的,或用水泥砂浆埋入混凝土构件的预留孔内,如图6-48所示。

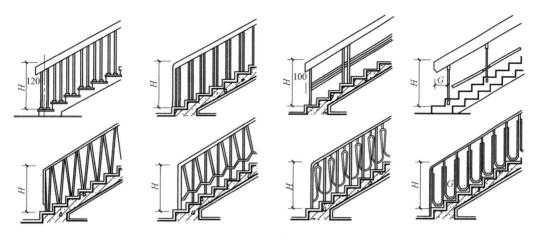

图 6-47　金属栏杆形式

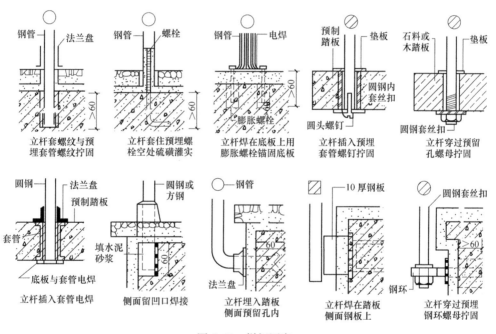

图 6-48　栏杆固定

6.3.3　楼梯栏板

楼梯栏板可用加筋砖砌体、预制或现浇钢筋混凝土、钢丝网水泥或玻璃等做成。栏板中装饰性较强的主要是玻璃栏板。

（1）钢筋混凝土栏板。暗步的梁板式钢筋混凝土楼梯段梁加高后即为实心栏板。栏板可以与踏步同时浇注，厚度一般不小于 80～100mm。

（2）砖砌栏板。砖砌栏板一般采用 1/4 砖，厚度为 60mm，为了加强稳定性需用现浇钢筋混凝土作扶手，将栏板联成整体并在栏板内适当部位或每隔 1000～1200mm 加筋杆以增加刚度。

（3）钢丝网水泥栏板。为了提高栏板的整体性，可在 1/4 砖砌栏板外侧用钢丝网加固，然后抹水泥砂浆。

砖砌栏板与钢筋混凝土栏板构造如图 6-49 所示。

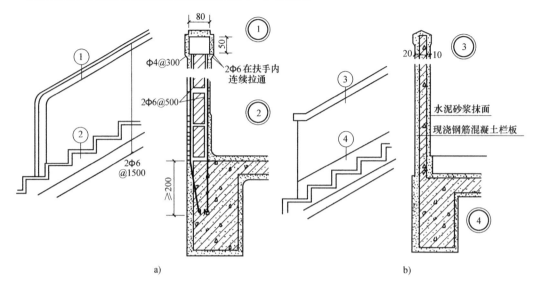

图 6-49 楼梯栏板构造

a) 1/4 砖厚砖砌栏板 b) 现浇钢筋混凝土栏板

（4）玻璃栏板。玻璃栏板用于公共建筑中的主楼梯、大厅回马廊等部位。它是采用大块的透明安全玻璃，固定于地面或踢脚中，上面加设不锈钢管、铜管或木扶手。从立面的效果看，通长的玻璃板，给人一种通透、简洁的效果，和其他材料做成的栏板或栏杆相比，装饰效果别具一格。楼梯玻璃栏板立面如图 6-50 所示。

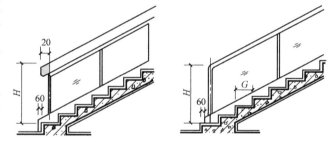

图 6-50 楼梯玻璃栏板立面

木扶手用于玻璃栏板，其材质要高级，纹理要美观，且要不易变形，如柚木、水曲柳等。目前，木扶手不如不锈钢、铜扶手使用得多，主要是因高档大块木料较缺所致。

不锈钢扶手，从表面光泽分，有镜面抛光和一般抛光两种，常用直径为 75～105mm，管壁的厚度根据计算选定。玻璃栏板应采用 10mm 以上厚度的安全玻璃。常用的有钢化玻璃、夹丝玻璃、夹层钢化玻璃。半玻璃金属立柱栏板可以使用 6～10mm 厚的普通平板玻璃。

全玻璃无立柱栏板的固定，主要包含扶手与玻璃上端的固定以及玻璃下端与底座的固定。如果采用不锈钢、铜一类的扶手，出于经济上的考虑，管壁不可能做得较厚。所以，为了提高扶手刚度及满足安装玻璃栏板的需要，常在圆管内部加设型钢，型钢与外圆管焊成整体。玻璃栏板的底座，主要是为了解决玻璃固定和踢脚部位的饰面处理。玻璃的固定多采用角钢焊成的连接铁件，固定玻璃的铁件高度应不小于 100mm，铁件的中距不宜大于 450mm。玻璃的下面，不能直接落在金属板上，而是用氯丁橡胶块将其垫起，玻璃两侧的间隙，可以用氯丁橡胶块将玻璃夹紧，上面再注入硅硐密封胶。玻璃栏板构造举例如图 6-51 所示。

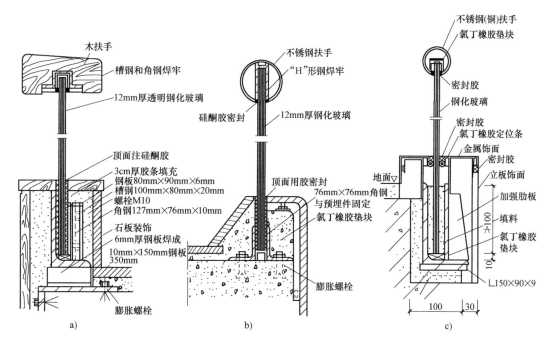

图 6-51　玻璃栏板构造

a) 木扶手玻璃栏板　b)、c) 不锈钢扶手玻璃栏板

6.4　内墙配件装饰构造

6.4.1　窗帘盒

用于隐蔽和吊挂窗帘的构件称窗帘盒。窗帘盒的长度以窗帘拉开之后不遮挡窗口为准，一般每侧伸过窗口 150mm，有时为了整体性要求，采用沿墙通长设置。其开口宽度往往与所选用窗帘的厚薄和窗帘的层数有关，一般为 140～200mm，而开口深度则以能遮盖窗帘轨道及附件为准，一般为 100～150mm。

窗帘盒根据所挂窗帘的重量和层数分为轻型与重型两类。轻型窗帘盒多为单层窗帘，采用绸布等薄型料子作窗帘布；重型窗帘盒要求吊挂两层以上的窗帘，其中至少一层窗帘采用丝绒等较厚的窗帘料子。

窗帘盒根据吊挂窗帘的构造分为以下两种：

（1）棍式。采用 ϕ10 钢筋、铜棍、铝合金棍或 ϕ18～22mm 不锈钢管等作窗帘杆，吊挂窗帘布，当跨度不大时，这种方式具有较好的刚性，适合于 1.5～1.8m 跨度的窗子，当跨度增加时需在中间增加支点，如图 6-52 所示。除金属窗帘杆外，目前市面上还有一种采用优质硬木制成的车木窗帘杆，这种窗帘杆直径约为 25～35mm，有较好的刚度，其配件均具有一定的装饰性，故可起到较好的装饰作用，采用这种木制窗帘杆不设窗帘盒。木制窗轨、窗帘杆如彩图 49～彩图 51 所示。

（2）轨道式。采用铜或铝合金制成的小型轨道，具有良好的刚度，尤其适用于大跨度

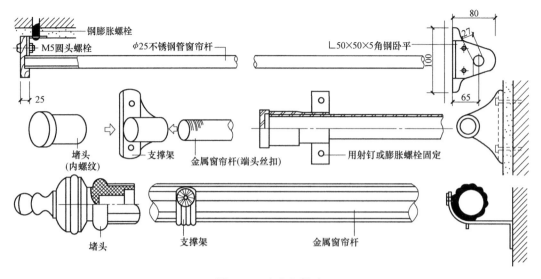

图 6-52　窗帘杆构造

的窗子。轨道断面有多种形式，由于轨道上装有铜质或尼龙小轮，故拉扯窗帘十分轻便。各种轨道如图6-53所示。

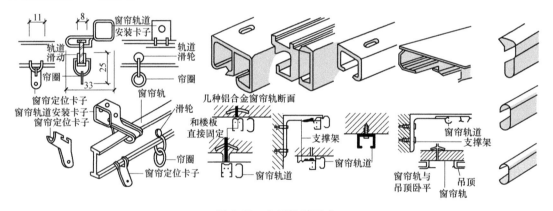

图 6-53　金属轨道形式

窗帘盒一般均为木制，根据有无吊顶及吊顶的高低情况，又可分为明式窗帘盒和暗式窗帘盒。明式窗帘盒一般是固定在金属支撑架上的，而支撑架应固定在窗过梁上或其他结构构件上，以确保窗帘盒能有效地传递荷载。当窗帘盒紧挨着楼板设置时（如住宅），则窗帘盒可以直接固定在楼板上。当窗帘盒与吊顶结合设置时，常做成暗式窗帘盒，此时，窗帘盒还应与吊顶相连接。窗帘盒的连接固定如图 6-54 所示。

6.4.2　暖气罩

采暖地区设置暖气罩的作用主要是遮掩暖气片，防止人们烫伤，并同时要保证热空气能均匀散发以调节室内温度。暖气片或诱导器常设在窗前和沿墙脚。因此，暖气罩常与窗台或护壁组织在一起，其布置形式可分为窗台下式、沿墙式、嵌入式和独立式，如图 6-55 所示。由于暖气罩对室内装饰会产生影响，因此在设计时应注意美观，使其发挥装饰作用，同时还应注意方便设备的检修。暖气罩主要有木质暖气罩和金属暖气罩两种。

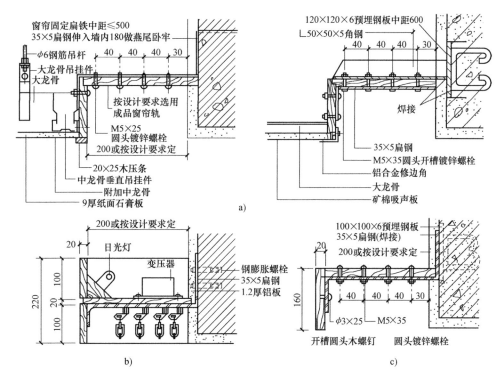

图 6-54 窗帘盒的连接固定

a) 暗式窗帘盒 b) 灯光窗帘盒 c) 普通明式窗帘盒

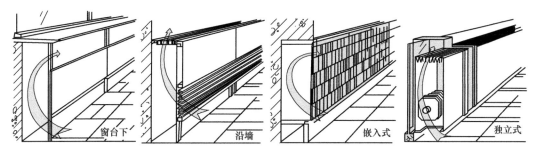

图 6-55 暖气罩的布置形式

（1）木制暖气罩。木制暖气罩可采用硬木条、胶合板、硬质纤维板等做成格片，或上下留空的形式。木制暖气罩舒适感较好，且加工方便，同时也易于和室内木扶壁相协调，如图 6-56 所示。

（2）金属暖气罩。采用钢或铝合金等金属板冲压打孔，或采用格片的方式制成暖气罩，其性能良好，坚固耐用。钢板暖气罩表面可做成漂亮的烤漆或搪瓷面层，铝合金板表面则依赖其氧化处理形成光泽与色彩，起到装饰作用。金属暖气罩可采用挂、插、钉、支等构造方法，如图 6-57 所示。

（3）扶手护墙板。在公共建筑的大厅、公共走道或服务台等处，常设置扶手护墙板，其作用是便于行走安全和保护墙体饰面。扶手距地高度一般为 1000mm，扶手材料应有利于装饰且手感好，目前常采用的材料有硬塑 PVC、硬木、不锈钢及人造革软包面等。为保证

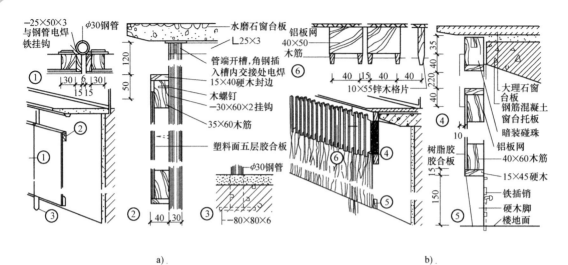

图 6-56 木制暖气罩构造

a) 上部留空的木暖气罩　b) 上部为格片的木暖气罩

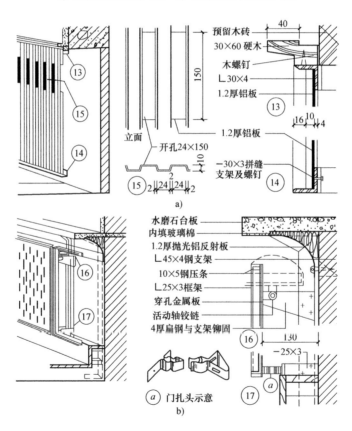

a)

b)

图 6-57 金属暖气罩构造

a) 压型板材暖气罩　b) 冲孔金属板暖气罩

使用时的舒适感，扶手的断面应满足扶握的手感要求，即要有一定的圆角，扶手的尺度还要与所在空间的尺度相协调。扶手与墙面之间应留出一定的间隙，其间隙一般不小于 40mm。

扶手的固定多采用金属支架与墙体连接，如图 6-58 所示。

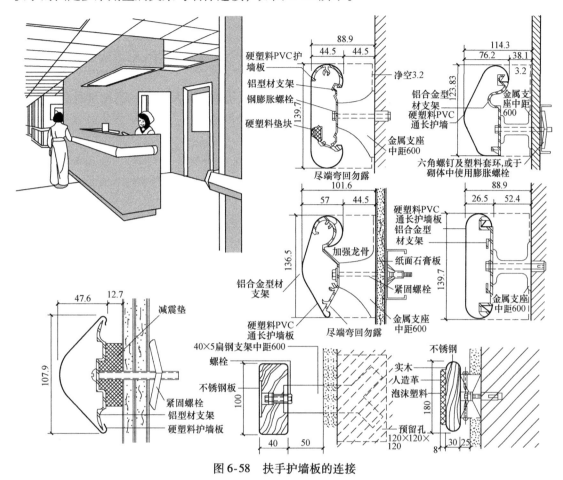

图 6-58　扶手护墙板的连接

6.5　建筑装饰声学构造

6.5.1　建筑装饰声学构造概述

在现行装饰设计日益专业化的发展过程中，建筑声学随着在不同建筑功能领域的广泛应用而备受关注，在建筑装饰设计中，涉及的声学装饰构造要求也越来越规范。特别是随着国家出台有关建筑声学标准：《体育馆声学设计及测量规程》（JGJ/T 131—2012）、《剧场建筑设计规范》（JGJ 57—2016）、《剧场、电影院和多用途厅堂建筑声学设计规范》（GB/T 50356—2005）、《电影院视听环境技术要求》（GB/T 3557—1994）、《数字立体声电影院的技术标准》（GY/T 183—2002）、《民用建筑隔声设计规范》（GBJ 118—2010）、《建筑隔声评价标准》（GB/T 50121—2005）、《声环境质量标准》（GB 3096—2008）后，在建筑装饰工程设计与施工中，建筑声学的专业要求愈来愈重要。因此在系统地了解了基本的装饰构造和其细部构造后，有必要熟悉建筑声学构造和处理。

在现行的建筑装饰中，建筑声学构造主要应用于涉及具有对声音有特殊要求的场所：例如在具有专业声学要求的剧院、音乐厅、会堂、报告厅、演播厅、电影院；在公共场所，如KTV包房、车站、码头、机场、商店等，都有噪声防治等声学功能要求，因此在这些建筑物内均要求应用建筑声学手段进行处理。

建筑装饰声学构造根据作用不同分为：声反射（声扩散）构造、吸声构造、隔声构造和消声构造（消声器）四大类。

（1）声反射（声扩散）构造。声反射（声扩散）构造是利用建筑的高密度材料（如石材、高密度板材等），在室内声音传播途中以改变声音传播方向，从而加强某区域声音能量的一种构造。

（2）吸声构造。建筑装饰吸声构造是利用建筑装饰吸声材料（结构），在建筑场所内将声能转化为其他能量，以减弱反射声、消除回声，来改善场所内听音条件和降低噪声而进行的装饰细部构造。

（3）隔声构造。在建筑声学场所周围，一切噪声源对场馆内的干扰，例如影剧院内的放映机房及前厅对大厅的声音干扰，都迫使我们不得不对此进行隔声处理。即通过一建筑物，使声音穿透大量减少，从而使这一干扰噪声减到最小，提高我们的听音效果，这就要运用隔声构造对它进行隔声处理。

（4）建筑装饰消声构造。当大型的剧院场所和娱乐场所在使用时，由于有相应的配套暖通设施的同时使用，例如空调设施、消防等管道设施的运行，在此过程中会产生相应的噪声污染，那么为了既不影响通风空调设备的作用，又能把这些噪声消除，通常是对其进行消声处理而采取的构造，这一构造常叫做消声器。消声器已有多种产品，在声学工程中可依据设计要求直接选购，故本节中不作具体介绍。

6.5.2 声反射（声扩散）构造

声反射（声扩散）构造的作用是，将入射声波按室内要求改变方向，并尽可能多地反射出去，从而使某区域声音得到加强。这种构造的主要要求是：面层必须光滑、坚硬厚实、高密性，基层必须具有一定强度，面层与基层间尽可能没有空气层。这种构造通常有两种类型：一是反射面构造，它的作用是改变声音方向，使其向某一区域反射，从而使某区域声音得到加强；二是扩散面构造，它的作用是改变声音方向，使其向更广阔的区域形成漫反射，从而使某区域声音更加均匀。

为获得一定的声音扩散效果，可在室内的顶棚、侧墙与后墙的表面设立不同几何形状的声扩散体，如圆柱形、三角形、半球形、多面体、棱锥形等。也有制成极具艺术装饰效果的立体浮雕图案形式。

在不同形状的配合使用中，要注意必须满足各声学设计规范的指标，在装饰设计的理念中，要在不同的装饰材料的声学特点里找出其声音的不同传播途径，学会合理利用。在影剧院场所最为常用的装饰设计构造为多面体、半圆形、四棱锥型，这种构造墙面和顶面应用较多，由于地面的设计局限性，因此地面多为面层光滑、高密性的构造，例如石材、面砖，再配以局部地毯（吸声）的构造。所以声反射（声扩散）构造主要突出在墙面和顶面。

常见的声扩散体形状如图6-59、彩图52、彩图53所示，其中由于三角形和半圆柱体构造简单、扩散效果良好而被广泛地应用在声学工程实践中。这两种扩散体的扩散效果与它的尺寸和配置有关。

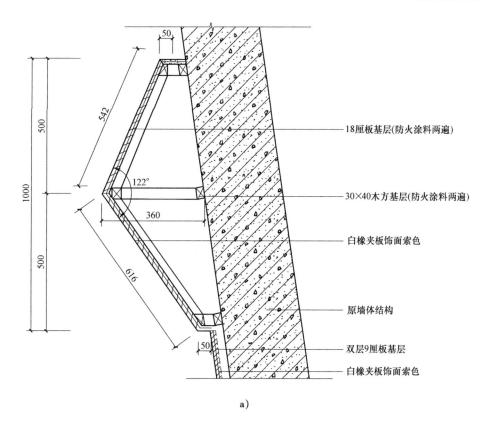

18厘板基层(防火涂料两遍)

30×40木方基层(防火涂料两遍)

白橡夹板饰面素色

原墙体结构

双层9厘板基层

白橡夹板饰面素色

a)

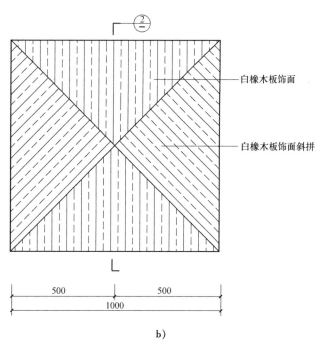

白橡木板饰面

白橡木板饰面斜拼

b)

图 6-59 常用的反射面、扩散面典型构造图

a）反射面（四棱锥）典型构造 b）扩散面多面体构造

在设计与配置声扩散体时，应注意的事项是：

（1）扩散体不能同时是吸声体。

（2）扩散体的材质应尽量采用比重大且具有一定刚度的材料，如混凝土、抹灰砖石体、大理石、花岗石等。

（3）如用木材则宜采用实心硬木，如柚木、橡木、花梨木或硬木表面加贴多层组合板。而切忌用三合板、五合板等薄板制成空心体，这样会形成对低频的强吸收。

（4）尽可能避免用石膏浇铸扩散体，虽然制作成本很低，但它会产生金属声染色，对音色不利。

（5）扩散体各个扩散面的几何尺寸必须足以与声波波长相比，这样才有良好的扩散效果。

6.5.3 吸声构造

吸声构造的作用是，将入射声波的部分能量通过吸声构造的作用使其声能转化为其他能，从而使反射声减小达到吸声的目的。吸声材料与构造的不同其吸声效果也不同，因此我们必须了解各种吸声材料与构造的吸声性能和构造特点，进而掌握吸声构造的基本结构与功能，以便在使用中得到正确运用。

1. 吸声量

我们知道，声波在壁面、其他物体表面或者空气中反射或穿透时，由于声波的机械振动，能量中的一部分受到表面的摩擦作用转化为热能，从而被转化吸收。实践告诉我们任何材料都有吸声能力，只是由于其表面的平整度、自身的密度、含水率的不同而吸声效果不尽相同。

吸声材料吸声能力的大小与材料本身的特性、材料的厚度、表观密度、材料施工时背后有无空气层以及声音的频率、声波的射入方向等因素有关。工程中用吸声系数 α 来表示吸声量指标。

2. 吸声材料

材料的吸声量不仅与它的物理性质和结构有关，而且与声波的频率有关，为了有效地学习声学构造，必须要了解材料的使用。

（1）吸声材料（结构）的种类和构造特点。虽然目前的吸声材料有很多，但是构造原理是相同的。因此为了对其构造作一系统的了解，我们常将它分为五大类，见表6-1。

表 6-1　吸声材料（结构）种类和构造特点与吸声特性

种类名称		多孔吸声材料	穿孔板共振吸声结构	薄板振动吸声结构	其他吸声构造
结构组成	基层	墙面楼板等			门、窗、洞口、座椅、家具、幕帘等
	龙骨层	轻钢龙骨等			
	面层	多孔吸声材料，如玻璃棉（板）等	穿孔板，如木质穿孔板、石膏穿孔板、金属穿孔板等	薄板，如胶合板、金属板等	
吸声特性		直接安装（粘贴）在基层上，主要吸收高频声。若加设龙骨层并使面层与基层有一定的空气层，可适当加强对低、中频声的吸收能力	主要吸收中频声。若适当加大龙骨所形成的空气层，可适当加强对低频声的吸声能力；若适当加大穿孔板穿孔率，可适当加强高频声的吸声能力	主要吸收低频声	

（2）吸声材料（结构）的基本构造。常用的各类吸声构造的典型构造如图 6-60 所示。

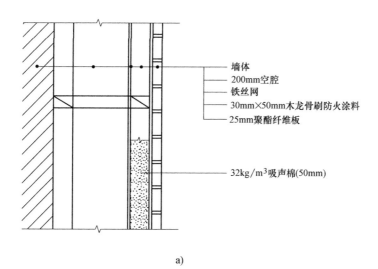

a)

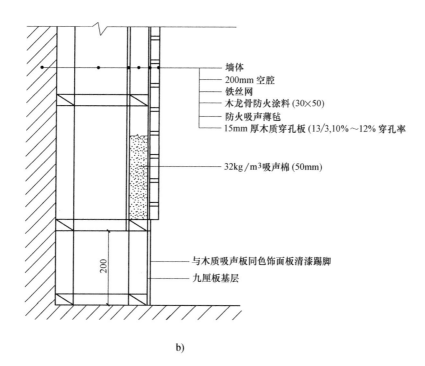

b)

图 6-60　常用的各类吸声构造的典型构造方式示意图
a）多孔吸声典型构造　b）穿孔板共振吸声典型构造

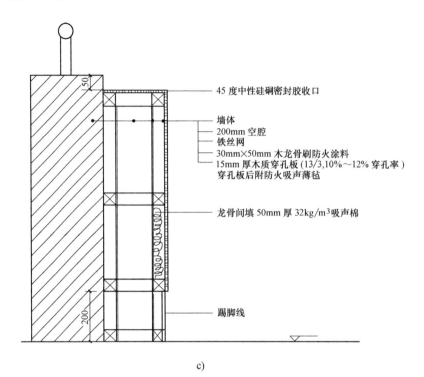

45度中性硅碉密封胶收口

墙体
200mm 空腔
铁丝网
30mm×50mm 木龙骨刷防火涂料
15mm 厚木质穿孔板 (13/3,10%～12% 穿孔率)
穿孔板后附防火吸声薄毡

龙骨间填 50mm 厚 32kg/m³吸声棉

踢脚线

c)

舞台地板
底层毛板
底层龙骨二
底层龙骨一

此部位施工细部构造

收口线条

此部位施工装饰声学构造

舞台砌体结构
50mm 厚底层木龙骨
50mm 厚面层龙骨格
15mm 厚木质穿孔板 (13/3,10%～12% 穿孔率)
穿孔板后附防火吸声薄毡
空腔

龙骨间填 50mm 厚 32kg/m³吸声棉

球场实木地板

d)

图 6-60　常用的各类吸声构造的典型构造方式示意图（续）
c）薄板共振吸声典型构造　d）球场共振吸声构造

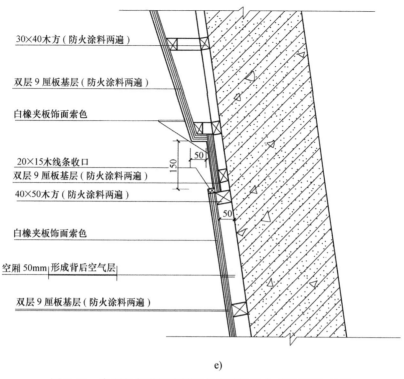

e)

图 6-60　常用的各类吸声构造的典型构造方式示意图（续）

e）背后空气层的吸声构造

6.5.4　隔声构造

当一个声源发出的噪声声波影响到其周围的区域时，可以在声音的传播途径上设置一些固体材料，如果声音不能透过这些材料继续传播或在透过这些材料时声能有很大的损失，则称这些材料为隔声材料。这种材料所形成的构造为隔声构造。

为了保证室内环境的私密性，降低外界声音的影响，房间之间需要隔声。隔声与吸声是完全不同的概念，好的吸声材料不一定是好的隔声材料。声音进入建筑维护结构有三种形式：①通过孔洞直接进入；②声波撞击到墙面引起墙体振动而辐射声音；③物体撞击地面或墙体产生结构振动而辐射声音。前两种方式为空气声传声，第三种方式是撞击声传声。

墙体在不同频率下的隔声量一般并不相同，一般规律是高频隔声量好于低频。隔墙隔声存在质量定律，即单层墙越重隔声性能越好，单位面积的质量提高一倍，隔声量提高 6dB。120 砖墙的面密度为 $260kg/m^2$，隔声量为 46～48dB；240 砖墙的面密度为 $520kg/m^2$，隔声量为 52～54dB。砖墙墙体过重，结构荷载负担较大，使用黏土砖也不利于耕地保护，因此，轻墙得以广泛使用。为了使轻墙达到良好的隔声性能，需要使用多层墙板内填吸声材料的方法。75 龙骨内填玻璃棉的双面双层纸面石膏板墙的面密度只有 $60kg/m^2$ 左右，隔声量可以达到 50dB。同样面密度的 90 厚加气混凝土板墙的隔声量只有 36dB。对于住宅隔声，Rw 应至少大于 45dB，最好大于 50dB。

一般对空气噪声进行隔离主要通过设计围护结构和隔声门、窗来实现。近年来国内主要采取如下措施，切实可行地解决了门与窗的隔声问题。

（1）采用双层门和门斗复合隔声处理。门斗内强吸声，以形成"声闸"，有效地提高隔声能力。

（2）门缝做成简单的斜口，两周边用工业毛毡包覆，关闭时即使有细缝，其本身也形成一个"消声管道"。为提高"消声"能力，门扇厚度应尽量增大，一般不少于10cm。

固定观察窗比门容易处理，一般应注意如下几点：①为避免双层玻璃间的共振影响和吻合效应的重叠，双层玻璃应互不平行，且玻璃厚度不能相同，可选用5mm和10mm，或5mm和6mm组合；②两玻璃间要有较大的空气间层，一般不少于7cm，在双层框四周贴强吸声材料，框内要放置吸潮剂，避免玻璃上产生霉点；③做好玻璃与窗扇、窗框与墙壁间的缝隙处理，玻璃四周用橡胶条或玻璃胶密封，窗堂与砖墙接触处用沥青麻丝等材料嵌密。

典型隔声门、隔声窗构造如图6-61所示。典型隔声墙体构造如图6-62所示。

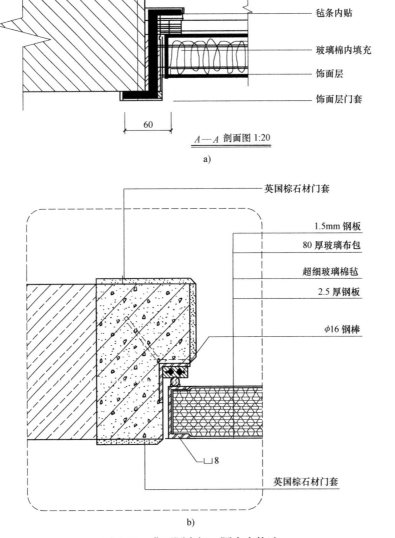

图6-61 典型隔声门、隔声窗构造

a）装饰门的隔声构造示例 b）典型隔声门构造

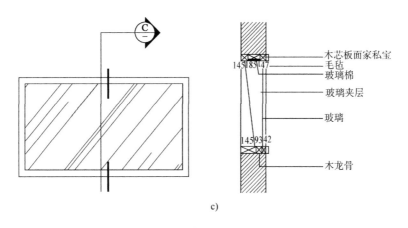

c)

图 6-61　典型隔声门、隔声窗构造（续）

c）隔声窗示例

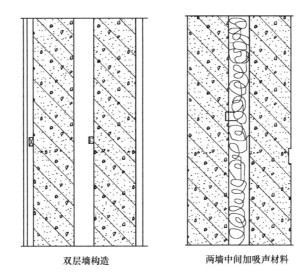

双层墙构造　　　　　　　　两墙中间加吸声材料

图 6-62　典型隔声墙体构造

本 章 小 结

　　本章介绍了建筑中门窗、隔墙与隔断、柱面和栏杆、扶手的装饰构造，门窗从五种类型的造型、色彩、材料等装饰构造特点阐述了其采光、通风、围护的特性。隔墙与隔断是非承重构件，主要作用是分隔室内和室外空间，柱面装饰构造对建筑空间环境起着强化、点缀、烘托的作用，栏杆、扶手形式众多，既具有观赏价值又具有实用价值，两者的构造连接要安全、适用、经济、美观。

　　建筑装饰声学构造是建筑装饰构造中的专业性强、涉及专业学科较广、技术要求相当严格（通过室内声学构造的施工，达到室内声学要求，如：混响时间、声场均匀、室内噪声等技术指标和竣工后通过声学仪器测试的基本一致）的一种。

　　建筑装饰声学构造根据声学要求不同而不同。常用典型的声学构造的性能与其主要结构和材料密切相关。

在实际应用中各类房间一般的声学构造应根据室内声学要求和材料的性能而确定，同时应注意在实际工作中声学构造与处理的一些问题，应尽力按照声学构造的特点做好声学装饰工程。

思考题与习题

1. 普通转门与自动旋转门有什么差别？构造上有何特点？
2. 隔墙与隔断应满足哪些设计要求？
3. 隔墙按其构造方式可以分哪几类？
4. 简述隔墙装饰的构造特点。
5. 简述隔墙常用的装饰材料特性。
6. 楼梯栏杆可用哪些材料？这些材料各有哪些装饰特点？
7. 简述栏杆扶手的分类和选材。
8. 扶手和栏杆的连接构造是如何处理的？
9. 窗帘盒按吊挂窗帘的构造分为几种形式？
10. 简述一般房间的声学构造分布。
11. 简述声学装修常见的错误作法。
12. 试分别绘出三角形间距 800 后空 50～150 扩散反射板，后空 100 龙骨间距 @400 薄板共振吸声构造，后空 100 龙骨间距 @400 内填厚 50 容重 20kg/m³ 玻璃棉毡、厚 1 穿孔率 5% 的穿孔板共振吸声构造，后空 500 龙骨间距 @400 七厘薄板共振吸声构造草图。

实 训 环 节

1. 实训课题
某中式酒店大堂
2. 实训目的
通过本次实训作业，进一步掌握隔墙隔断、门窗、吸声体装饰装修的构造做法。
3. 实训内容
(1) 大堂内栏杆装构造详图。
(2) 设计一玻璃磨花隔断，画出隔断构造详图。
(3) 设计一中式造型窗，画出窗的构造详图。
4. 能力标准及要求
用 2 号图样以铅笔或墨线笔绘图，完成上述各图，比例自定，要求达到装饰施工图的深度，符合国家制图标准。
5. 某学术报告厅房间尺寸为 15000mm×9000mm，纵向外墙设 1800mm×2100mm 窗两樘，纵向内墙设 1200mm×2700mm 门两樘，层高 4500mm，墙体厚 240mm。试进行该房间的内墙面装饰构造设计及细部构造设计。
要求：(1) 绘出立面图，比例 1∶50。
(2) 绘出墙面及顶棚构造等处的节点构造图，比例 1∶10 或 1∶5。
(3) 绘出各墙面及顶棚吸声构造图。
(4) 绘出隔声门构造图。

第7章 建筑装饰构造设计实例及实训

学习目标：

1. 通过实例，以及对前几章节不同部位装饰构造的学习，能准确把握实际的空间设计构造。
2. 熟悉公共空间构造设计的绘制方法。
3. 了解现行不同块面构造的设计要求，以及相应的规范，系统掌握设计说明中的构造知识。

学习重点：

能把第2~6章的构造知识合理应用到不同的建筑主体中，并能指导施工图的绘制，编制构造要点，重点学习节点和大样的构造绘制方法。

学习建议：

1. 各章节对比和融会贯通地学习。
2. 实际绘制图例，加强构造设计的实际操作。

7.1 装饰构造设计实例表现概述

建筑装饰构造的理论需要通过绘制构造设计图来展现，在实际的建筑装饰工程中，图样只是设计文件的一部分，通常装饰设计文件包括：施工前的招标投标设计初始文件、方案图、建筑图、施工中的装饰图、相应的设计规范、标准图集、工程完工后的竣工图等。

在施工图样的绘制过程中，一般按照施工组织的流程来排序，有封面、设计说明、目录、平面图、顶棚图、墙面图（立面图）、剖面图或节点图（大样图）等。根据工程的特点和图幅的布置，可以有局部剖切图和索引图，相应参照的图集和规范标准在设计说明里列出。

构造的表现形式是装饰设计人员把方案和设计理念付诸实施的一种重要手段。构造图绘制的深度直接影响工程的施工进展和现场管理的标准化。下面以一个公共空间的装饰设计为例，学习如何合理地进行装饰构造设计。

本例是一个大型集团公司总部的综合楼内的大厅空间的装饰设计。

1. 其建筑主体地面的构造设计要点

（1）由于此大型集团公司总部的日人流量较大，因此运用地面装饰构造这一章节的知识，大量采用浅色米黄玻化砖，点缀同一构造形式的花岗石材，做到经济合理的同时，也表现出明亮、简洁明快的特点。

（2）由于地面砖和石材都为湿贴，并且为水泥砂浆结合成层，因此在构造设计中要合理选用配合比，施工中的拼花构造要有详尽的尺寸示意。

2. 其建筑主体墙面的构造设计要点

（1）由于其外立面为幕墙形式，并且有大量的全玻墙，因此在空间层高较高的条件下，内墙的面层也采用了干挂的形式。这在幕墙的章节已经系统地介绍了。因此幕墙的构造设计的节点图必不可少。

（2）墙面的细部构造中重点要处理与门框、门套、全玻墙、栏杆的连接。因此节点图要尽可能详尽。

（3）其独立柱采用的是玻化砖干挂工艺，因此要合理分隔，对外围尺寸的复核和图样构造节点的校核尤为重要，要放样施工。

（4）全玻墙的外框由于玻璃尺寸较大，因此窗套采用成品玻化砖挂贴，玻璃采用12mm安全玻璃。

（5）主入口部位为全玻电子感应门，门套采用钢龙骨基层，面层干挂英国棕石材。

3. 其建筑主体顶面的构造设计要点

（1）顶面由两部分组成，一部分为共享空间，一部分为两层层高的结构底板，共享空间适应公共空间办公场所的设计风格，大量采用石膏板面乳胶漆饰面，局部跌级，并加强人工采光照明设施。

（2）栏杆下口处的构造，我们在细部构造中已经重点学习过，主要采用了面层铝塑板，用铝方通拉线条的形式处理，与局部顶面相呼应。

4. 建筑主体细部构造设计要点

（1）栏杆采用全玻形式，配合全玻墙设计思路，节点在前一章已经了解过。

（2）局部吊顶节点剖面的构造中重点掌握对装饰设计防火规范的运用。

（3）钢骨架的防锈构造处理，设计说明中应注明。

7.2　装饰构造设计实例表现

实例由如下部分组成，以便于我们系统地掌握其装饰构造设计的全过程：①封面（见实例图）；②目录（见实例图）；③设计说明；④图幅（平面、顶棚、立面、节点等）（见实例图）。

设计说明

一、原工程概况

（1）项目名称：××办公科研综合楼室内装饰工程

（2）项目地点：××路

（3）建设单位：××

（4）设计防火等级：××

二、原设计依据

（1）《民用建筑工程室内环境污染控制规范》（2013版）（GB 50325—2010）。

（2）《建筑装饰装修工程质量验收规范》（GB 50210—2001）。

（3）《建筑地面工程施工质量验收规范》（GB 50209—2010）。

（4）《建筑内部装修设计防火规范》（GB 50222—1995）。

（5）《金属与石材幕墙工程技术规范》（JGJ 133—2001）。

（6）《钢结构设计规范》（GB 50017—2003）。

（7）《房屋渗漏修缮技术规程》（JGJ/T 53—2011）。

（8）《建筑工程饰面砖粘结强度检验标准》（JGJ 110—2008）。

（9）《天然花岗石建筑板材》（GB/T 18601—2009）中华人民共和国建材行业标准。

（10）甲方所提供的建施，水电施工图及相关资料。

（11）甲乙双方合同文件。

注：1）若国家颁布最新相关技术规范须以最新规范为准。

2）若图样中出现与上述技术规范相违背的地方，须以上述国家规范为准。

3）图中标高以"米"计，标注尺寸以"毫米"计。

4）图中所标注标高是以相对层装饰完成面为标高。

三、原设计范围

1、2 层大厅室内装饰设计。

四、施工及工艺

（1）所有钢结构都要进行防锈处理，有防火要求的按照相关规范进行防火处理；有基层木龙骨及木板饰面的进行三防处理。

（2）装修所用材料的品种、规格和质量要符合设计要求和国家现行标准的规定。

（3）对既有建筑进行装修前要对基层进行处理并达到《建筑装饰装修工程质量验收规范》（GB 50210—2001）的要求。

（4）墙面采用保温、隔声材料类型、品种、规格及施工工艺。

（5）所有隐蔽的安装工程在装饰装修工程已经完成。

（6）施工环境温度要高于 5℃。当温度低于 5℃时采取保证工程质量的有效措施，同时要做好成品保护。

五、施工工艺的技术指标

（1）轻钢龙骨

1）所有隔墙轻钢龙骨间距离为 400mm，上顶和天龙骨固定；1 层、2 层隔墙用双层防火隔声棉，石膏板封到顶，和顶面接触的地方用防火密封胶填实；规格 75 系列。

2）墙没有到顶，顶面填充高于 50mm 厚的防火隔声棉。

3）封幕墙和窗户的墙体没有超过 5m 采用 100 系列轻钢龙骨石膏板加隔声岩棉，图样上有钢结构龙骨作加强龙骨使用的，根据现场情况进行调整，玻璃进行不透视处理。

（2）乳胶漆。在涂饰前对新旧墙体进行清理找平，基础所刮腻子要多于两遍，墙面含水率不能超过 10%，木材基层含水率不能超过 12%。

（3）装饰线条。石膏线条的立体造型轮廓分明，线条的连接没有露出痕迹；木线条的连接方式没有直接连接，为打斜坡口衔接。

（4）钢结构龙骨及结构荷载。安全性要求：如玻璃隔墙等过高、过长，土建层高较高不好固定的，不能直接固定在吊顶面，而是用钢结构固定后，再做相应的装饰面。

（5）灯具。普通灯具直接安装在顶面，超过 3kg 的灯具单独预埋吊挂构件。

（6）艺术造型。重点部位艺术造型的基层结构采用了轻钢结构龙骨固定。对超高墙体加钢结构再贴板，石材墙体不得用板材和挂石膏板用的轻钢龙骨。

（7）木饰面板。对于会议室、普通办公室墙面等大面积的面饰板贴饰时涂刷均匀饱满，粘贴后用宽度不低于100mm的板条龙骨压固定型，时间大于1.5h，气温偏低可适当延长。

（8）石材（室内干挂和胶挂）

1）干挂大理石材（$t \geqslant 25mm$）。干燥状态下缩压强度大于50MPa，弯曲强度大于7MPa；吸水率小于0.5%，石材的金属挂件厚度不小于4.0mm，不锈钢挂件厚度不小于4.0mm。干挂石材必须无渗漏。石材表面平整、洁净，无污染、缺损和裂痕，没有裂痕、明显划伤和长度超过100mm的轻微划伤。

2）胶挂大理石材和玻化砖（$t \geqslant 18$）。每块板布置挂点大于了5个点，四角用慢干胶，中央用快干胶，用胶量根据石板的重量和间隙的大小确定，在金属龙骨上钻小孔空直径为10~12mm之间。

3）湿贴玻化砖用1:2.5稠度为100~150mm水泥砂浆分三次灌注，上面预留50mm的空便于和上面砖灌注连成一体。

（9）墙纸、墙布。基层刷底胶处理，没有翻碱，壁纸、墙布阴、阳角处搭接为顺光，与墙面相接的墙纸、墙布绕过了阴、阳角20mm，接过来的墙纸依此类推，最后重复的墙纸裁掉。

（10）软包。用15mm木芯板（九夹板）做衬底，边框造型板进行刨光，边框宽高偏差0~2mm，软层用高密度海绵，填充铺贴垂直度不超过3mm；对角线长度不超过3mm；裁口、线条接缝高低差不超过1mm。

（11）涂料。基层腻子平整、坚实、牢固，无粉化、起皮和裂缝。

（12）暗龙骨吊顶施工工艺。吊顶、龙骨的材质、规格、安装间距及连接方式符合设计要求。金属吊顶、龙骨要经过表面防腐处理；木吊杆、龙骨要进行防腐、防火处理。

六、施工构造图例索引

1. 立面图符号

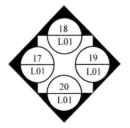

2. 剖面图符号

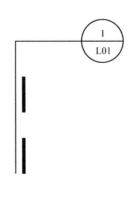

3. 大样，详图符号   4. 标高

+0.000

七、实例图

××办公科研综合楼

室内装饰工程

施工图

××装饰工程有限公司

图样目录

图号	图名	图号	图名	图号	图名
	封面	厅10	大厅立面图F	厅22	大厅剖面图6
ML	图样目录	厅11	大厅立面图G	厅23	大厅剖面图7
SM	设计说明	厅12	大厅立面图H	厅24	大厅剖面图8
厅01	大厅一层平面图	厅13	大厅立面图I	厅25	大厅剖面图9
厅02	大厅二层平面图	厅14	大厅立面图J	厅26	大厅剖面图10
厅03	大厅一层顶棚图	厅15	大厅立面图K	厅27	大厅剖面图11
厅04	大厅二层顶棚图	厅16	大厅立面图L	厅28	大厅剖面图12
厅05	大厅立面图A	厅17	大厅剖面图1		
厅06	大厅立面图B	厅18	大厅剖面图2		
厅07	大厅立面图C	厅19	大厅剖面图3		
厅08	大厅立面图D	厅20	大厅剖面图4		
厅09	大厅立面图E	厅21	大厅剖面图5		

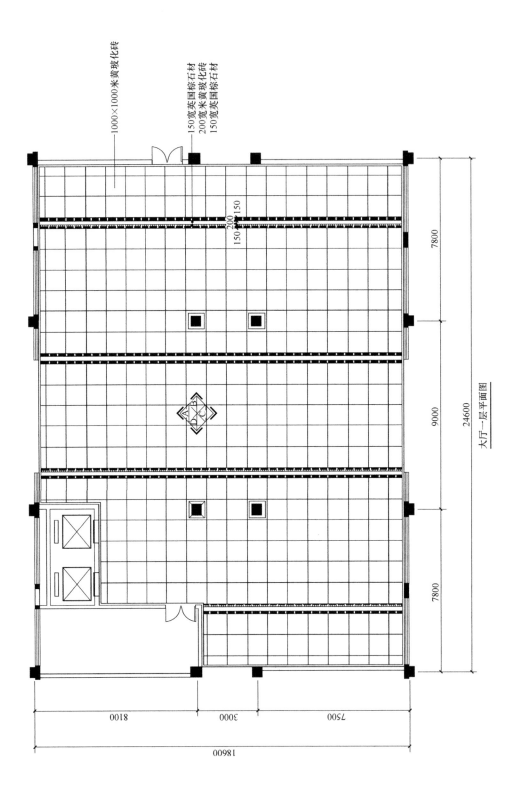

大厅一层平面图

1000×1000米黄化砖

150宽英国棕石材
200宽米黄玻化砖
150宽英国棕石材

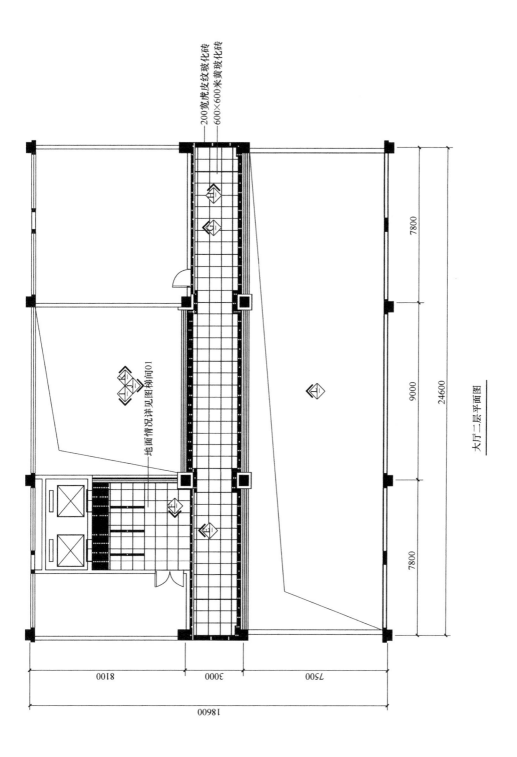

大厅二层平面图

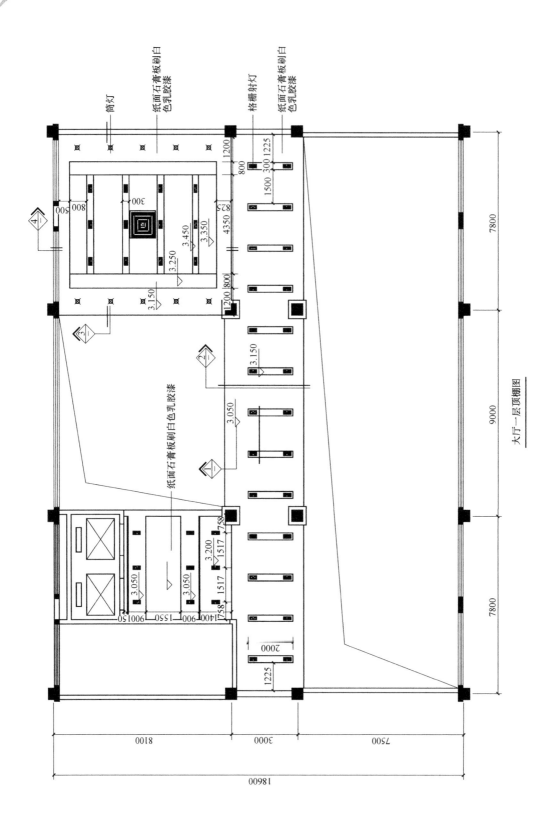

大厅一层顶棚图

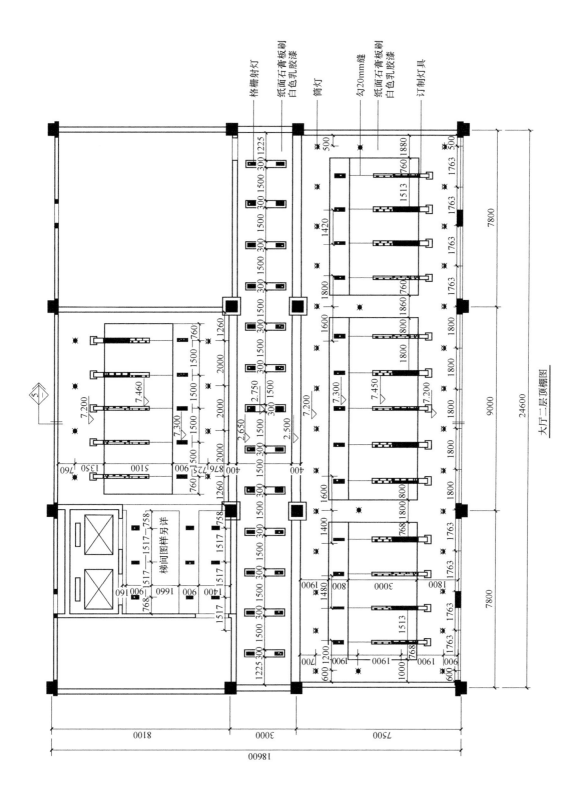

大厅二层顶棚图

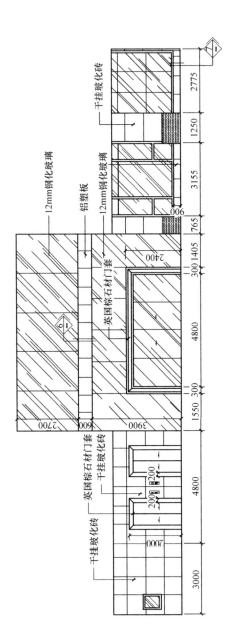

大厅立面图 A

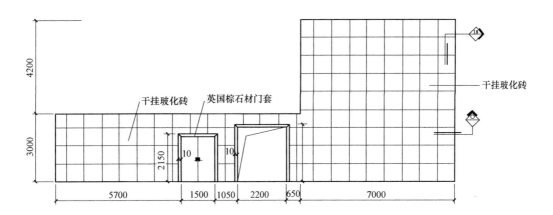

大厅立面图B

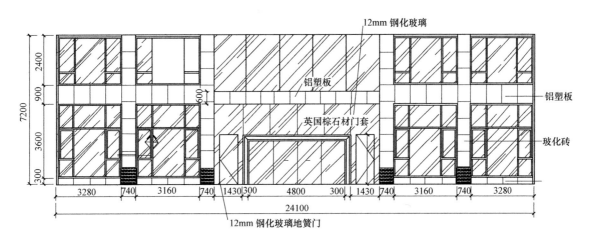

大厅立面图C

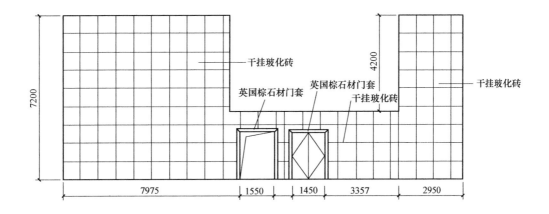

大厅立面图D

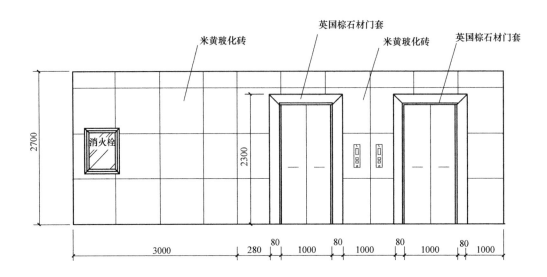

米黄玻化砖

英国棕石材门套

米黄玻化砖

英国棕石材门套

消火栓

2700

2300

3000　280　80　1000　80　1000　80　1000　80　1000

大厅立面图E

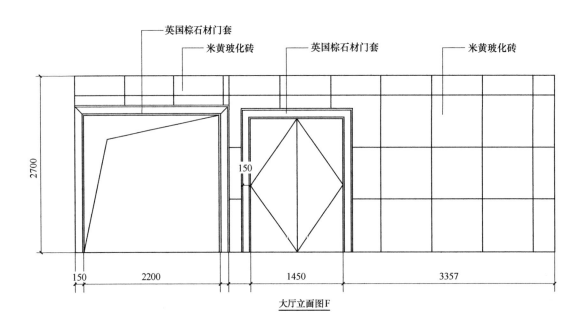

英国棕石材门套

米黄玻化砖

英国棕石材门套

米黄玻化砖

2700

150

150　2200　1450　3357

大厅立面图F

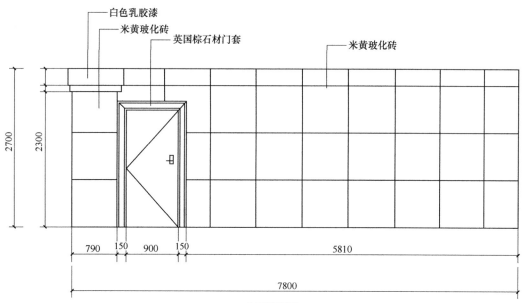

大厅立面图G

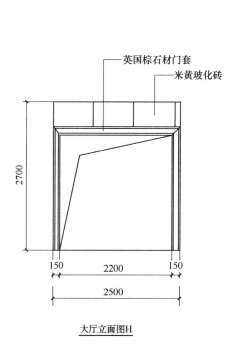

大厅立面图H

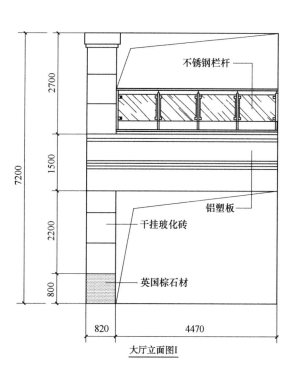

大厅立面图I

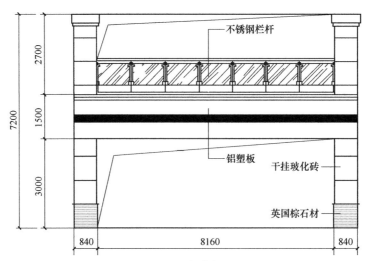

大厅立面图J

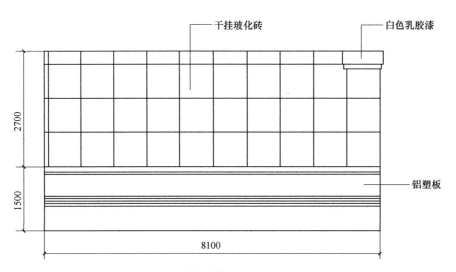

大厅立面图K

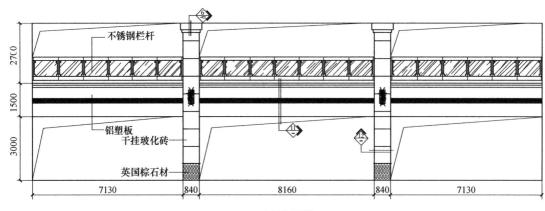

大厅立面图L

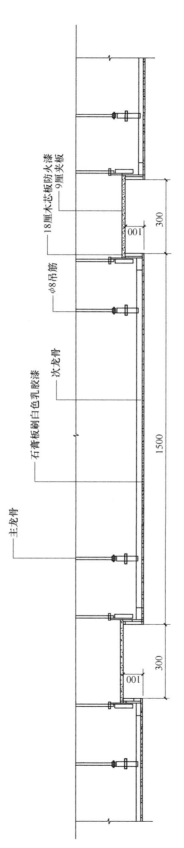

大厅剖面图1

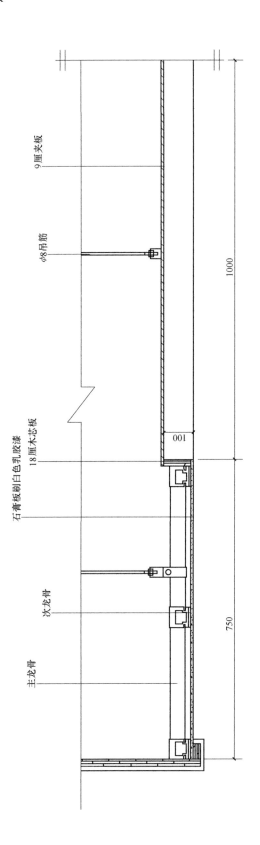

大厅剖面图2

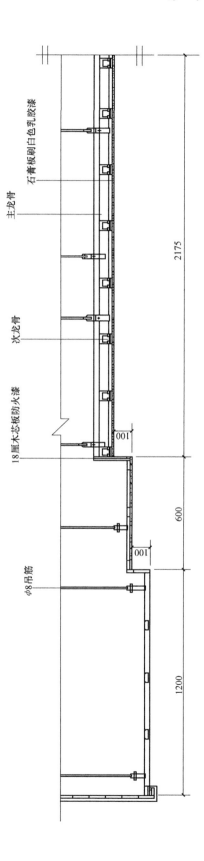

大厅剖面图3

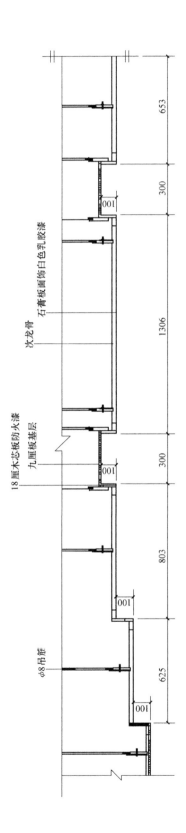

大厅剖面图4

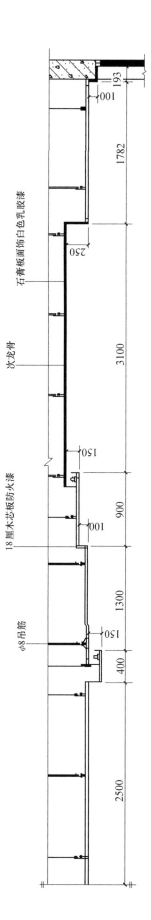

大厅剖面图 5

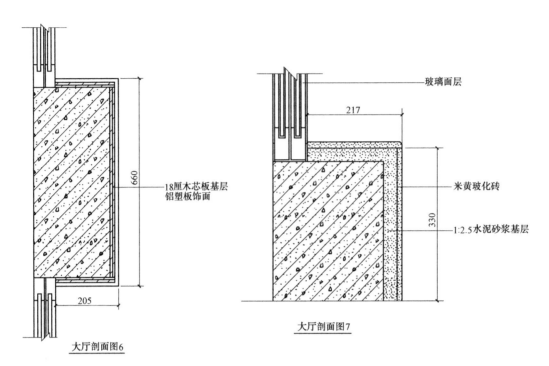

18厘木芯板基层
铝塑板饰面

玻璃面层

217

米黄玻化砖

330

1:2.5水泥砂浆基层

660

205

大厅剖面图6

大厅剖面图7

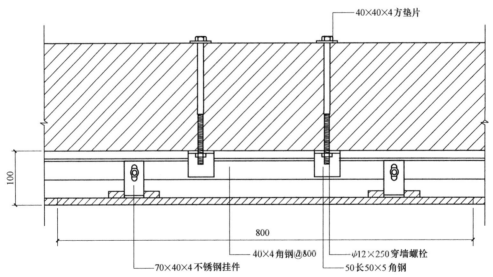

40×40×4方垫片

100

800

40×4角钢(@800

φ12×250穿墙螺栓

70×40×4不锈钢挂件

50长50×5角钢

大厅剖面图8

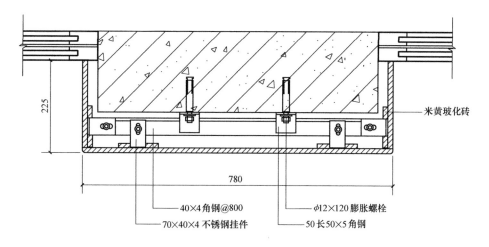

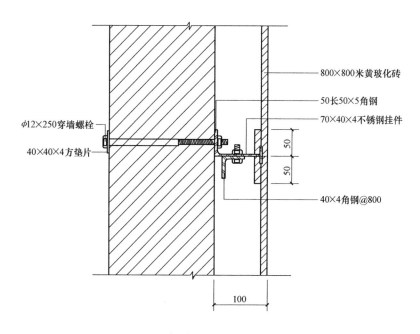

大厅剖面图9

225

780

40×4角钢@800

70×40×4 不锈钢挂件

φ12×120 膨胀螺栓

50 长 50×5 角钢

米黄玻化砖

φ12×250穿墙螺栓

40×40×4方垫片

800×800米黄玻化砖

50 长 50×5 角钢

70×40×4不锈钢挂件

40×4角钢@800

50

50

100

大厅剖面图10

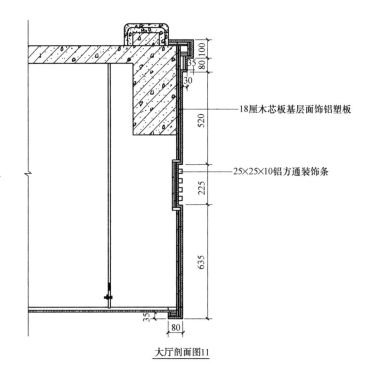

18厘木芯板基层面饰铝塑板

25×25×10铝方通装饰条

大厅剖面图11

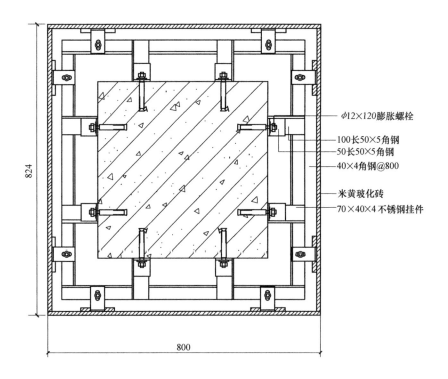

ϕ12×120膨胀螺栓

100长50×5角钢
50长50×5角钢
40×4角钢@800

米黄玻化砖
70×40×4不锈钢挂件

大厅剖面图12

最后施工成型效果图如彩图 54 所示。

7.3　装饰构造课程设计任务实训

本课程设计实训环节是在系统地掌握建筑装饰构造的所有章节的知识后，为了全面训练学生的装饰构造设计能力，检验学生各章节的实际运用而设置的。使学生能达到在掌握综合学科：装饰构造、装饰设计、装饰材料等能力的基础上，合理而规范地把装饰构造知识用图样的形式表现出来，为以后的就业打下良好的基础，使各学科能融会贯通。

设计任务书一：

1. 设计条件

某酒店包房设计：根据平面图、层高示意图、各部位的材料大致选样表（由教师提供）进行设计。

2. 完成内容

（1）绘制地面材料布置图、顶棚图、墙面立面图。

（2）吊顶剖面图、墙面节点图、门大样图。

（3）设计酒店包房内的酒柜以及吧台大样。

（4）设计说明要全面概括构造设计内容。

（5）统一用三号图样装订成册，并有相应绘制比例和图框。

设计任务书二：

1. 设计条件

某 KTV 视听场所：根据平面图、层高示意图、各部位的材料大致选样表（由教师提供）进行设计。

2. 完成内容

（1）绘制地面材料布置图、顶棚图、墙面立面图。

（2）吊顶剖面图、墙面节点图、门大样图。

（3）设计酒店包房内的酒柜以及吧台大样。

（4）设计说明要全面概括构造设计内容。

（5）根据声学构造要求设计音响室的地面、顶面，以及墙面和隔声窗的构造。

（6）统一用三号图样装订成册，并有相应绘制比例和图框。

下面为教师提供某歌舞厅室内装饰平、立面大样图。

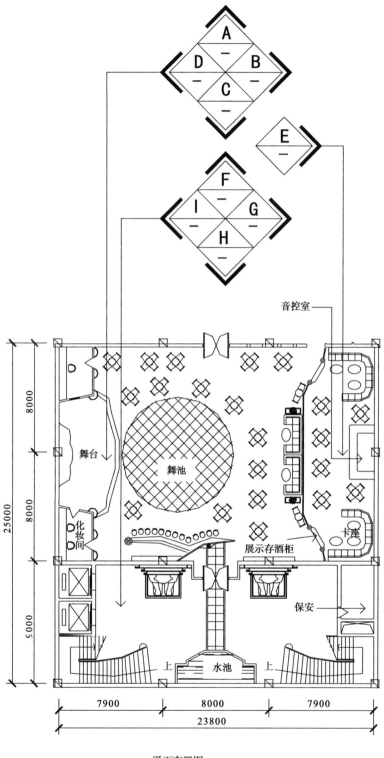

平面布置图

大厅立面图参考：

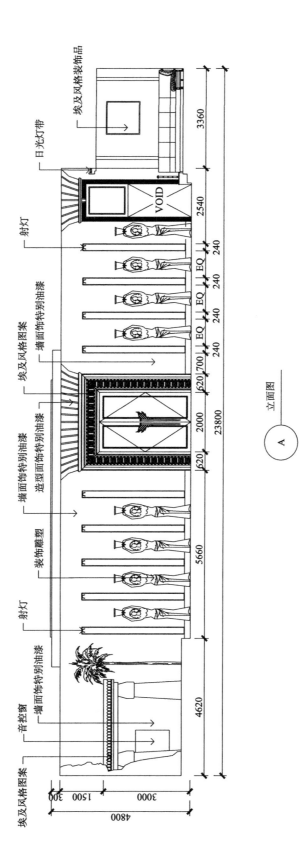

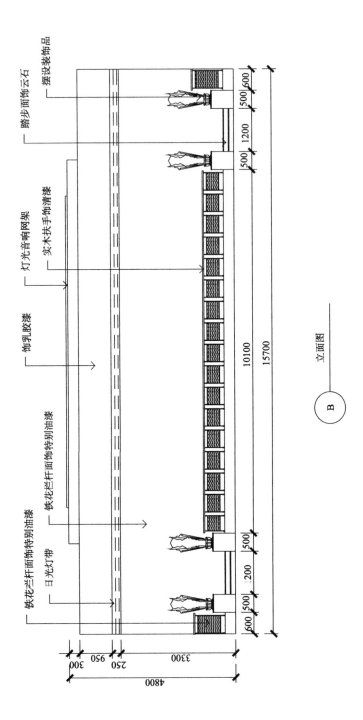

立面图

B

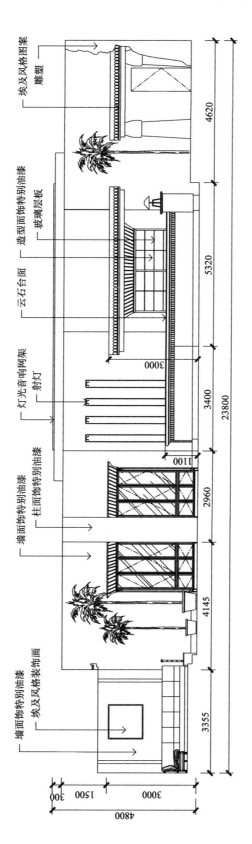

立面图

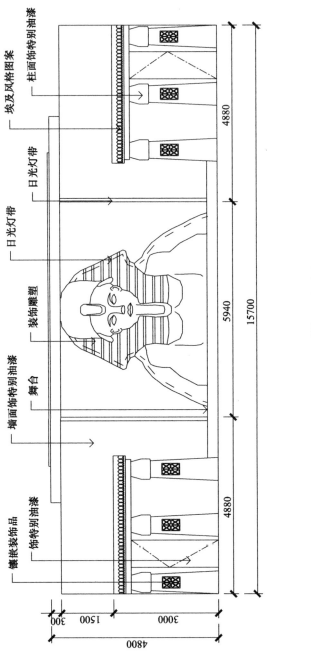

埃及风格图案

柱面饰特别油漆

日光灯带

日光灯带

装饰雕塑

墙面饰特别油漆

舞台

饰特别油漆

镶嵌装饰品

4880

5940

15700

4880

300

1500

3000

4800

立面图

D

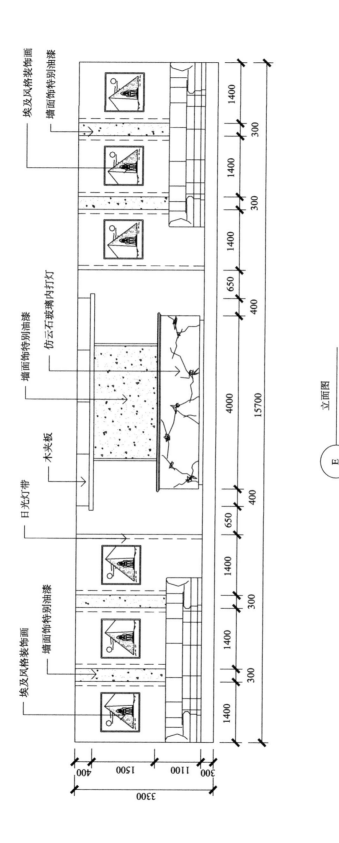

立面图

埃及风格装饰画
墙面饰特别油漆
墙面饰特别油漆
仿云石玻璃内打灯
木夹板
日光灯带
墙面饰特别油漆
埃及风格装饰画

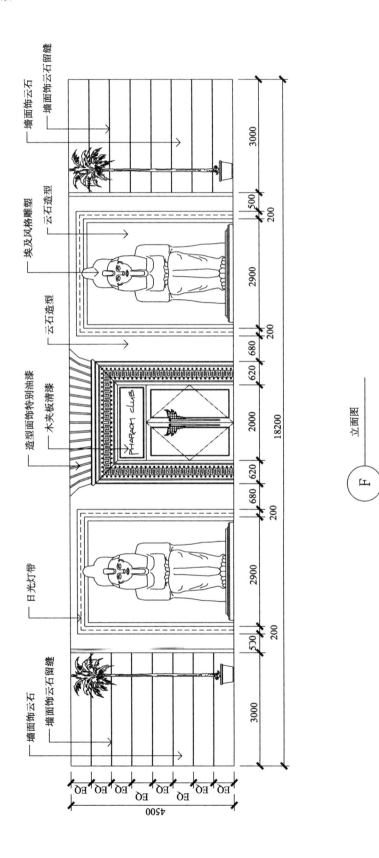

墙面云石

墙面饰云石留缝

埃及风格雕塑

云石造型

造型面饰特别油漆

木夹板清漆

日光灯带

墙面云石

墙面饰云石留缝

云石造型

立面图

F

18200

3000 500 200 2900 200 680 620 2000 620 680 200 2900 200 500 3000

4500 EQ EQ EQ EQ EQ EQ EQ EQ EQ

PHARAON CLUB

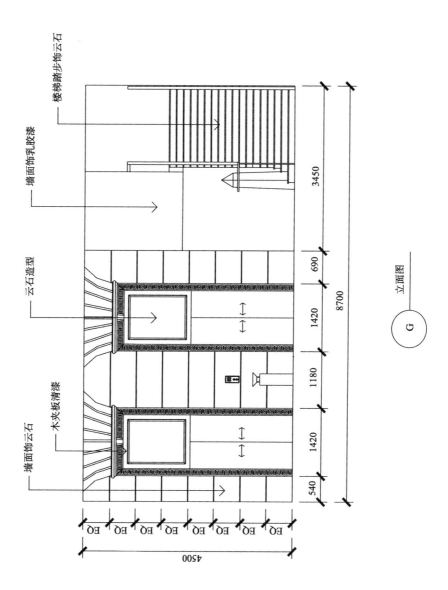

立面图

G

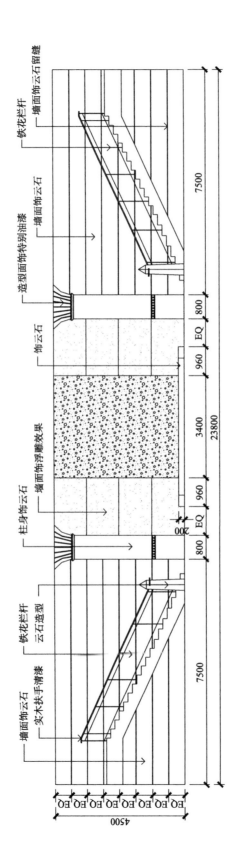

墙面饰云石留缝

铁花栏杆

墙面饰云石

造型面饰特别油漆

饰云石

墙面饰浮雕效果

柱身饰云石

铁花栏杆

云石造型

墙面饰云石

实木扶手清漆

7500

800 EQ 960

3400

23800

960 EQ 200 800

7500

4500

EQ EQ EQ EQ EQ EQ EQ EQ EQ

立面图

200

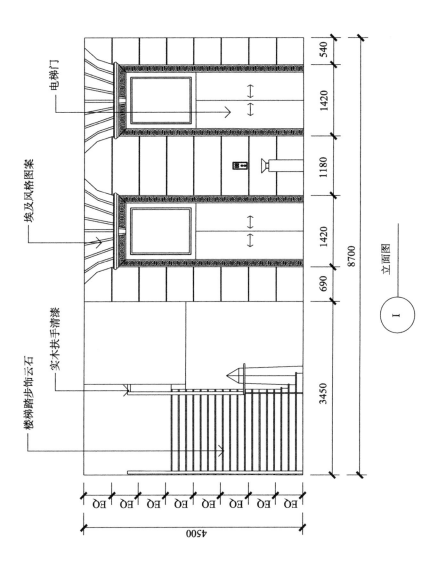

立面图

电梯门

埃及风格图案

楼梯踏步饰云石

实木扶手清漆

540
1420
1180
1420
690
8700

3450

EQ EQ EQ EQ EQ EQ EQ EQ
4500

Ⅰ

参 考 文 献

[1] 周英材，等. 建筑装饰构造 [M]. 北京：科学出版社，2002.

[2] 李蔚，张国华，等. 建筑装饰与装修构造 [M]. 北京：科学出版社，2006.

[3] 蔡红，等. 建筑装饰与装修构造 [M]. 北京：机械工业出版社，2007.

[4] 冯美宇. 建筑装饰装修构造 [M]. 北京：机械工业出版社，2005.

[5] 韩建新，刘广洁. 建筑装饰构造 [M]. 2版. 北京：中国建筑工业出版社，2004.

[6] 北京土木建筑学会. 建筑装饰装修工程施工技术措施 [M]. 北京：经济科学出版社，2005.

[7] 陈世霖. 当代建筑装修构造施工手册 [M]. 北京：机械工业出版社，1999.

[8] 雄杰民，陆文英. 建筑地面设计与施工手册 [M]. 北京：中国建筑工业出版社，1999.

[9] 张绮曼、郑曙旸. 室内设计资料集 [M]. 北京：中国建筑工业出版社，1991.

[10] 陈保胜、陈志华. 建筑装饰构造资料集 [M]. 北京：中国建筑工业出版社，2000.

[11] 钱宜伦. 建筑装饰实用手册（1，2建筑装饰构造）[M]. 北京：中国建筑工业出版社，1999.

[12] 本书编委会. 室内装饰设计施工图集（1~11）[M]. 北京：中国建筑工业出版社，2002.

[13] 图集编绘组. 建筑工程设计施工系列图集：建筑装饰装修工程 [S]. 北京：中国建材工业出版社，2003.

[14] 陈卫华. 建筑装饰构造 [M]. 北京：中国建筑工业出版社，2000.

[15] 孙勇. 建筑装饰构造与识图 [M]. 北京：化学工业出版社，2007.

[16] 赵研. 建筑识图与构造 [M]. 北京：中国建筑工业出版社，2008.

[17] 金虹. 建筑构造 [M]. 北京：清华大学出版社，2005.

[18] 建筑结构构造资料集编辑委员会. 建筑构造资料集（上，下）[M]. 北京：中国建筑工业出版社，2007.

[19] 谢建伟，林刚. 公共建筑装饰设计实例图集1 [M]. 北京：中国建筑工业出版社，2005.

[20] 董赤，崔康成. 室内设计实例精选 [M]. 合肥：安徽科学技术出版社，2000.

[21] 建格空间工作室. 室内设计竞标 [M]. 北京：中国水利水电出版社，2003.

[22] 林晓东. 建筑装饰构造 [M]. 天津：天津科学技术出版社，2005.

[23] 伍昌友，吴民. 建筑装饰构造 [M]. 北京：高等教育出版社，2005.

[24] 缪长江. 建筑工程管理与实务 [M]. 北京：中国建筑工业出版社，2007.

[25] 薛健，周长积. 装饰构造与作法 [M]. 天津：天津大学出版社，1998.

[26] 许炳权. 现代建筑装饰技术 [M]. 北京：中国建材工业出版社，1998.

[27] 朱保良. 坡·阶·梯——竖向交通设计与施工 [M]. 上海：同济大学出版社，1998.

[28] 李胜才，吴龙声. 装饰构造 [M]. 南京：东南大学出版社，1997.

[29] 杨博，孙荣芳. 建筑装饰工程构造 [M]. 合肥：安徽科学技术出版社，1997.

[30] 韩建新. 建筑装饰构造 [M]. 北京：中国建筑工业出版社，1996.

[31] 霍光，侯纪洪. 室内装修构造 [M]. 海口：海南出版社，1993.

[32] 王汉立. 建筑装饰构造 [M]. 武汉：武汉理工大学出版社，2004.

教材使用调查问卷

尊敬的老师:

您好!欢迎您使用机械工业出版社出版的教材,为了进一步提高我社教材的出版质量,更好地为我国教育发展服务,欢迎您对我社的教材多提宝贵的意见和建议。敬请您留下您的联系方式,我们将向您提供周到的服务,向您赠阅我们最新出版的教学用书、电子教案及相关图书资料。

本调查问卷复印有效,请您通过以下方式返回:

邮寄:北京市西城区百万庄大街 22 号机械工业出版社建筑分社(100037)

张荣荣(收)

传真:010-68994437　(张荣荣收)　　Email:54829403@qq.com

一、基本信息

姓名:＿＿＿＿＿＿＿＿＿＿ 职称:＿＿＿＿＿＿＿＿＿＿＿ 职务:＿＿＿＿＿＿＿＿＿＿＿

所在单位:＿＿＿＿＿＿＿＿＿＿＿＿＿＿＿＿＿＿＿＿＿＿＿＿＿＿＿＿＿＿＿＿

任教课程:＿＿＿＿＿＿＿＿＿＿＿＿＿＿＿＿＿＿＿＿＿＿＿＿＿＿＿＿＿＿＿＿

邮编:＿＿＿＿＿＿＿＿＿ 地址:＿＿＿＿＿＿＿＿＿＿＿＿＿＿＿＿＿＿＿＿＿

电话:＿＿＿＿＿＿＿＿＿＿ 电子邮件:＿＿＿＿＿＿＿＿＿＿＿＿＿＿＿＿＿＿＿＿

二、关于教材

1. 贵校开设土建类哪些专业?

□建筑工程技术　　　　□建筑装饰工程技术　　　□工程监理　　　　□工程造价

□房地产经营与估价　　□物业管理　　　　　　　□市政工程　　　　□园林景观

2. 您使用的教学手段:　　□传统板书　　　　　□多媒体教学　　　□网络教学

3. 您认为还应开发哪些教材或教辅用书?＿＿＿＿＿＿＿＿＿＿＿＿＿＿＿＿＿＿＿

4. 您是否愿意参与教材编写?希望参与哪些教材的编写?

课程名称:＿＿＿＿＿＿＿＿＿＿＿＿＿＿＿＿＿＿＿＿＿＿＿＿＿＿＿＿＿＿＿＿

形式:　　□纸质教材　　　□实训教材(习题集)　　□多媒体课件

5. 您选用教材比较看重以下哪些内容?

□作者背景　　　□教材内容及形式　　　□有案例教学　　　□配有多媒体课件

□其他

三、您对本书的意见和建议（欢迎您指出本书的疏误之处）＿＿＿＿＿＿＿＿＿＿＿＿

＿＿＿＿＿＿＿＿＿＿＿＿＿＿＿＿＿＿＿＿＿＿＿＿＿＿＿＿＿＿＿＿＿＿＿＿＿＿

＿＿＿＿＿＿＿＿＿＿＿＿＿＿＿＿＿＿＿＿＿＿＿＿＿＿＿＿＿＿＿＿＿＿＿＿＿＿

四、您对我们的其他意见和建议＿＿＿＿＿＿＿＿＿＿＿＿＿＿＿＿＿＿＿＿＿＿＿＿

＿＿＿＿＿＿＿＿＿＿＿＿＿＿＿＿＿＿＿＿＿＿＿＿＿＿＿＿＿＿＿＿＿＿＿＿＿＿

＿＿＿＿＿＿＿＿＿＿＿＿＿＿＿＿＿＿＿＿＿＿＿＿＿＿＿＿＿＿＿＿＿＿＿＿＿＿

请与我们联系:

100037　北京百万庄大街 22 号

机械工业出版社·建筑分社　张荣荣　收

Tel:010—88379312（O）,68994437（Fax）

E-mail:r.r.00@163.com

http://www.cmpedu.com(机械工业出版社·教材服务网)

http://www.cmpbook.com(机械工业出版社·门户网)

http://www.golden-book.com(中国科技金书网·机械工业出版社旗下网站)